最速合格！

1級
電気工事施工管理

第一次検定

50回テスト

若月 輝彦 編著

50回分のテーマ別小テストで構成
合格ラインと制限時間を実戦的に体感！
この1冊で合格できる！

弘文社

はじめに

　電気工事施工管理技術検定は，電気工事に従事する施工管理技術者の技術の向上を図ることを目的とした，建設業法に基づく検定制度です。

　この検定は，令和3年度より第一次検定と第二次検定に再編されて実施されています。第一次検定に合格すると**1級電気工事施工管理技士補**，第二次検定に合格すると**1級電気工事施工管理技士**の国家資格を取得することができます。

　また令和6年度の試験より，**1級第一次検定**は，受検する年度末時点での年齢が**19歳以上であれば誰でも**，実務経験なしで受検できるようになりました。合格者には生涯有効な資格として「**1級電気工事施工管理技士補**」の称号が与えられます。

　その後一定の実務経験を経て**1級の第二次検定**を受検するコースもあれば，先に1級第一次検定に合格して1級技士補となり，その後1年以上の実務経験を経て2級の第二次検定を受検し「**2級電気工事施工管理技士**」になるという選択も可能です。

　このように様々な選択コース・段階を踏んでいくことで，より多くの方に資格取得の機会が増えました。

　「**2級電気工事施工管理技士**」は，一般建設業の電気工事の営業所の専任技術者又は**主任技術者**となり得る国家資格であり，「**1級電気工事施工管理技士**」は，特定建設業の電気工事の営業所の専任技術者又は**監理技術者**となることができる国家資格です。そして「**1級電気工事施工管理技士補**」はその監理技術者の兼務を可能とする**監理技術者補佐**（主任技術者の資格を有することが要件）の役割を担うことができる大事な国家資格です。

　また，「電気工事施工管理技士（補）」は，経営事項審査における技術職員数評点に加算される資格としても認定され，会社の評価アップ及び社会に貢献する高い評価を受ける資格であり，電気技術者にとって重要な国家資格です。

　評価が高い分，本試験の出題範囲は電気工学に始まって，機械設備，土木，建築及びこれらに関連する法規と多岐にわたって出題され，受検者に多大な負担を強います。また，施工管理のテーマとなる工程管理や安全管理などの問題は必須問題となっており確実な理解が求められます。

　時間をかければ難関な試験でも合格は可能ですが，十分な学習時間をとれない受検者に考慮して，本書は効率のよい学習ができるよう工夫されています。

　<u>**一番の特徴は，一回のテストごとに解答・解説がついており，短時間で各分野の学習ができるよう使いやすくなっている点です。**</u>

　本書により多くの皆様が合格し，活躍されることを願っております。

本書の特徴

1. 本書は過去に出題された試験問題から重要なもの，また繰り返し出題されているものを中心に選んで，項目ごとに分類して50回のテストとしてまとめ上げています。

   電気工事施工管理の第一次検定は，各分野ごとに区分されて出題されており，「設計・契約関係」及び「施工管理法の4分野（応用能力問題含む）」の合計15問は必須問題ですが，それ以外の問題は分野ごとに選択して解答できるようになっています。このため，すべての分野，問題を完全に理解しなくとも試験に合格することは可能です。そのためには，得意な分野は確実に解答できるようにしておくことが重要になります。

   各テストのはじめに，合格の目安が示されていますが，これは学習にメリハリをつけるために設定したもので，目安に示された問題数が正解できなくともまったく心配ありません。多くは選択問題なので自分で選択した問題が正解できていればよいことになります。

   1級電気工事施工管理の第一次検定の合格の目安は**全体で60％以上かつ施工管理法の応用能力問題で60％以上**の正解率です。問題の60％以上を正解していれば合格レベルに達していると考えられますが，余裕を見て70％以上の正解を本書により達成すれば合格は難しいことではないでしょう。

   とにかく本番の試験ではあせらずに問題をよく見て，確実に解答できる問題をすばやく選択する，というのも合格するためのテクニックです。合格の目安とは別に，自分で選択した問題の正解率が70％以上であるということもそのつど確認しておきましょう。問題の選択眼を養うことになります。

2. 電気工事施工管理の第一次検定の問題形式は，一部応用能力問題の5択を除きほぼ4択問題となっています。ほとんどの問題が，「**誤っているもの**」を選びなさいという設定になっていますが，そうでない場合もありますのでよく問題を読んであせって間違った選択肢を選ばないようにするのも重要です。本書はスペースの関係で基本的に「誤っているもの」に関して重点的に解説してあります。そこで，「誤っているもの」の設問を「**正しいもの**」に変えて，設問に示されている問題のテーマを完成させてそれを十分に理解するようにしてください。そうすれば，問題集が充実したテキストに早替わりします。このようにして，問題を有効に活用してください。

   解答はよく知る簡単な選択肢のほうにあることが多く，難しい問題にとらわれているとかえって誤ってしまうことにもなりかねないので，落ち着いて問題をよく読む習慣をつけましょう。

目　次

受検ガイド

1. 受検資格

(1) 第一次検定

　　試験実施年度中に満 19 歳以上となる方であれば受検できます。

　　第一次検定合格者は生涯有効な国家資格として 1 級電気工事施工管理技士補を称することができます。

(2) 第二次検定

　　所定の二次検定の受検資格（実務経験）を満たしている第一次検定合格者，一次検定免除資格所有者，経過措置による制度改正前の受検資格要件該当者。

　　（注：令和 10 年度まで，制度改正前の旧受検資格による第二次検定受検も可能です。詳細は試験機関ホームページにて確認して下さい。）

(3) 新制度受検資格の概要

	第一次検定	第二次検定
1 級	年度末時点での年齢が **19 歳以上**	○**1 級　第一次検定合格後** ・実務経験 5 年以上 ・**特定実務経験**（※）1 年以上を含む実務経験 3 年以上 ・監理技術者補佐としての実務経験 1 年以上 ○**2 級　第二次検定合格後** ・実務経験 5 年以上（1 級第一次検定合格者に限る） ・**特定実務経験**（※）1 年以上を含む実務経験 3 年以上 　（1 級第一次検定合格者に限る）
2 級	年度末時点での年齢が **17 歳以上**	○**2 級　第一次検定合格後**　実務経験 3 年以上 ○**1 級　第一次検定合格後**　実務経験 1 年以上

※特定実務経験：請負金額 4,500 万円（建築一式工事は 7,000 万円）以上の建設工事において，監理技術者・主任技術者（当該業種の監理技術者資格者証を有する者に限る）の指導の下，または自ら監理技術者・主任技術者として行った経験

　　第一次検定合格者は，一定の実務経験を経て 1 級の第二次検定を受検するコースのほかに，まず初めに 1 級第一次検定に合格して 1 級技士補となり，その後 1 年以上の実務経験を経て 2 級の第二次検定を受検し「2 級電気工事施工管理技士」となり，主任技術者，監理技術者補佐としての実務経験を積んで 1 級第二次検定に挑む‥など，様々なコースを選ぶことができます。

2．電気工事施工管理に関する実務経験について

・受検資格を満たす実務経験は，建設業法に定められた工事種別「電気工事」に限られます。

・施工管理技術検定における「実務経験」とは，建設工事の実施に当たり，その施工計画の作成及び当該工事の工程管理，品質管理，安全管理など，工事の施工の管理に直接的に関わる技術上の職務経験で，①施工管理　②施工監督　③設計監理等をいいます。

・受検資格を満たすための実務経験の「工事種別」や「実務経験証明書」等については，旧制度（令和10年度まで有効）と新制度（令和6年度より）で内容が異なりますので，必ず試験機関ホームページの「受検の手引き」で詳細を確認して下さい。

3．受検申込

2月頃　　（年によって変動があります。必ず事前に確認して下さい）

4．試験日

第一次検定：7月中旬　　　　第二次検定：10月中旬

5．試験地

札幌，仙台，東京，新潟，名古屋，大阪，広島，高松，福岡，沖縄

6．受検手数料

一次検定　13,200円
二次検定　13,200円

7．問い合わせ先

一般財団法人　建設業振興基金　試験研修本部
〒105-0001　東京都港区虎ノ門4丁目2番12号
　　　　　　　　虎ノ門4丁目MTビル2号館
　　　　　　　　電話 03-5473-1581（代表）

> 受検内容は変更される場合があるので，必ず
> 「一般財団法人　建設業振興基金　試験研修本部」
> （https://www.fcip-shiken.jp）にて確認して下さい。

第一次検定の内容

・解答はマークシート方式です。

検定科目	検定基準	知識・能力の別	解答形式
電気工学等	1　電気工事の施工の管理を適確に行うために必要な電気工学，電気通信工学，土木工学，機械工学及び建築学に関する一般的な知識を有すること。 2　電気工事の施工の管理を適確に行うために必要な発電設備，変電設備，送配電設備，構内電気設備等に関する一般的な知識を有すること。 3　電気工事の施工の管理を適確に行うために必要な設計図書に関する一般的な知識を有すること。	知識	四肢択一
施工管理法	1　監理技術者補佐として，電気工事の施工の管理を適確に行うために必要な施工計画の作成方法及び工程管理，品質管理，安全管理等工事の施工の管理方法に関する知識を有すること。	知識	四肢択一
	2　監理技術者補佐として，電気工事の施工の管理を適確に行うために必要な応用能力を有すること。	能力	五肢択一
法規	建設工事の施工の管理を適確に行うために必要な法令に関する一般的な知識を有すること。	知識	四肢択一

※試験問題の文中に使用される漢字には，ふりがなが付記されます。

過去の第一次検定の出題数と解答数（参考）

区分	細分	細目		出題数	解答数	
電気工学等	電気工学	電気理論 電気機器 電力系統 電気応用		15	10	午前の部
	電気設備	発電設備 変電設備 送配電設備 構内電気設備 電車線 その他の設備		32	14	
	関連分野	機械設備関係 土木関係 建築関係		8	5	
		設計・契約関係		2	2	
施工管理法	施工計画 工程管理 品質管理 安全管理	応用能力 （五肢択一式）		6	6	午後の部
		知識		7	7	
	工事施工（電気設備）			9	6	
法規	建設業法 電気事業法・電気関連法 建築基準法・消防法 労働安全衛生法・労働基準法 その他関連法規			13	10	
計				92	60	

※施工管理法の応用能力問題以外はすべて四肢択一式です

電気工学

【問題1】 図に示すスイッチSを入れたとき，環状鉄心の一次コイルの電流 i_1〔A〕が $0.1\,\mathrm{ms}$ の間に $0.5\,\mathrm{A}$ 変化し，二次コイルに誘導起電力 e_2〔V〕が $3\,\mathrm{V}$ 発生した。このときの相互インダクタンス M の値〔mH〕として，**正しいもの**はどれか。ただし，漏れ磁束はないものとする。

1. $0.15\,\mathrm{mH}$
2. $0.3\,\mathrm{mH}$
3. $0.6\,\mathrm{mH}$
4. $1.2\,\mathrm{mH}$

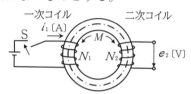

【問題2】 図に示す強磁性体のヒステリシス曲線に関する記述として，**誤っているもの**はどれか。ただし，H:磁界の強さ〔A/m〕，B:磁束密度〔T〕

1. 磁化されていない強磁性体に磁界を加え，その磁界を徐々に増加させたときの磁束密度は，0からaに至る曲線に沿って増加する。
2. 磁界の強さを $+H_\mathrm{m}$ から $-H_\mathrm{m}$ に変化させたときの磁束密度は，aからb，cを通りdに至る曲線に沿って変化する。
3. ヒステリシス損は，ヒステリシス曲線内の面積に反比例する。
4. B_r を残留磁気といい，H_c を保磁力という。

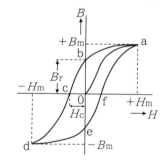

【問題3】 磁束密度 B〔T〕の一様な磁界中に直角においた長さ l〔m〕の直線状導体を，図に示すように磁束と $\theta = 30°$ の角度をもって速度 v〔m/s〕で移動させるとき，直線状導体の両端に生じる誘導起電力 e〔V〕の大きさを表す式として，**正しいもの**はどれか。

1. $e = \dfrac{Blv}{2}$ 〔V〕

2. $e = \dfrac{\sqrt{3}Blv}{2}$ 〔V〕

3. $e = \dfrac{Blv^2}{2}$ 〔V〕

4. $e = \dfrac{\sqrt{3}Blv^2}{2}$ 〔V〕

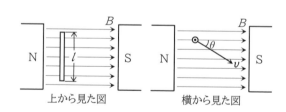

上から見た図　　　横から見た図

【問題4】 十分に長い平行直線導体 A，B に図に示す方向に電流を流したとき，導体 A に流れる電流が導体 B の位置につくる磁界の方向と，導体 B に働く力の方向の組合せとして，**正しいもの**はどれか。

	磁界の方向	力の方向
1.	a	ア
2.	b	ア
3.	a	イ
4.	b	イ

電流↑ ↑電流
b ア
イ a
導体 B
導体 A

【問題5】 図のように，真空中に，一直線上に等間隔 r〔m〕で，$-4Q$〔C〕，$2Q$〔C〕，Q〔C〕の点電荷があるとき，Q〔C〕の点電荷に働く静電力 F〔N〕を表す式として，**正しいもの**はどれか。ただし，真空の誘電率を ε_0〔F/m〕とし，右向きの力を正とする。

1. $F = \dfrac{Q^2}{4\pi\varepsilon_0 r^2}$〔N〕

2. $F = -\dfrac{Q^2}{4\pi\varepsilon_0 r^2}$〔N〕

3. $F = \dfrac{Q^2}{2\pi\varepsilon_0 r^2}$〔N〕

4. $F = -\dfrac{Q^2}{2\pi\varepsilon_0 r^2}$〔N〕

$-4Q$〔C〕 $2Q$〔C〕 Q〔C〕
正
r〔m〕 r〔m〕

【問題6】 図に示す電極板の面積 $A = 0.2\ \mathrm{m}^2$ の平行板コンデンサに，比誘電率 $\varepsilon_\mathrm{r} = 2$ の誘電体があるとき，このコンデンサの静電容量として，**正しいもの**はどれか。ただし，誘電体の厚さ $d = 4\ \mathrm{mm}$，真空の誘電率は ε_0〔F/m〕とし，コンデンサの端効果は無視するものとする。

1. $1.6\ \varepsilon_0$〔F〕
2. $40\ \varepsilon_0$〔F〕
3. $100\ \varepsilon_0$〔F〕
4. $2{,}500\ \varepsilon_0$〔F〕

A
d 誘電体
ε_r

【問題7】 図に示す回路において，電圧 V〔V〕を加えたとき，静電容量 C_1〔F〕，C_2〔F〕のコンデンサに蓄えられるエネルギー W〔J〕の大きさを求める式として，**正しいもの**はどれか。

1. $W = \dfrac{C_1 C_2 V^2}{2(C_1 + C_2)}$〔J〕

2. $W = \dfrac{(C_1 + C_2)V^2}{2C_1 + C_2}$〔J〕

3. $W = \dfrac{V^2}{2(C_1 + C_2)}$〔J〕

4. $W = \dfrac{(C_1 + C_2)V^2}{2}$〔J〕

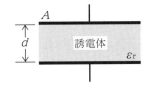

V〔V〕 C_1〔F〕 C_2〔F〕

【問題 1】 解答 3.

解説▶【相互誘導に発生する電圧】

$$e_2 = M \frac{\Delta i_1}{\Delta t} \quad \text{より,}$$

$$M = e_2 \frac{\Delta t}{\Delta i_1} = 3 \times \frac{0.1 \times 10^{-3}}{0.5} = 0.6 \text{ [mH]} \quad \text{となる。}$$

なお，図に示すように平均磁路長 L [m]，断面積 S [m²]，透磁率 μ [H/m] の環状鉄心に，巻数 N_1，N_2 の 2 つのコイルがあるときの各コイルの自己インダクタンスはそれぞれ，

$$L_1 = \frac{\mu S N_1^2}{L} \text{ [H]} \qquad\qquad ①$$

$$L_2 = \frac{\mu S N_2^2}{L} \text{ [H]} \qquad\qquad ②$$

となる。漏れ磁束がなければこのコイルの相互インダクタンスは，

$$M = \sqrt{L_1 L_2} \text{ [H]}$$

の関係により，

$$M = \sqrt{\frac{\mu S N_1^2}{L} \times \frac{\mu S N_2^2}{L}} = \sqrt{\frac{\mu^2 S^2 N_1^2 N_2^2}{L^2}} = \frac{\mu S N_1 N_2}{L} \text{ [H]} \qquad ③$$

となる。①～③式は試験でそのまま出るので確実に覚えよう。

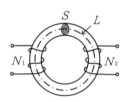

【問題 2】 解答 3.

解説▶【ヒステリシスの性質】

ヒステリシス損は，ヒステリシス曲線内の**面積**に比例する。

【問題 3】 解答 1.

解説▶【直線状導体に発生する起電力】

誘導起電力を求める公式 $e = Blv \sin\theta$ の式に $\theta = 30°$ を代入すれば次のようになる。

$$e = Blv \sin\theta = Blv \sin30° = Blv \times \frac{1}{2} = \frac{Blv}{2} \text{ [V]}$$

【問題4】解答 4.
解説▶【平行直線導体に働く力】
　　導体 A に**右ネジの法則**を適用すると右回りなので導体 B では b の方向の磁界となる。十分に長い平行直線導体 2 本に電流が**逆方向**に流れているとき，導体には，お互いに離れる方向に力 F〔N〕（**反発力**）が働く。どちらの力も距離に反比例する。また，電流の方向が**同方向**であれば近づく方向に力 F〔N〕（**吸引力**）が働く。電流が同方向なので**吸引力**となり，導体 B はイの方向の力を受ける。

【問題5】解答 1.
解説▶【電荷間に働く力】
　　$-4Q$〔C〕と Q〔C〕に働く力 F_1〔N〕は吸引力なので，

$$F_1 = -\frac{4Q \times Q}{4\pi\varepsilon_0(r+r)^2} = -\frac{Q^2}{\pi\varepsilon_0(2r)^2} = -\frac{Q^2}{4\pi\varepsilon_0 r^2} \text{〔N〕}$$

であり，$2Q$〔C〕と Q〔C〕に働く力 F_2〔N〕は反発力なので，

$$F_2 = \frac{2Q \times Q}{4\pi\varepsilon_0(r+r)^2} = \frac{2Q^2}{4\pi\varepsilon_0 r^2} = \frac{Q^2}{2\pi\varepsilon_0 r^2} \text{〔N〕}$$

となるので，Q〔C〕の点電荷に働く静電力 F〔N〕は次のようになる。

$$F = F_1 + F_2 = -\frac{Q^2}{4\pi\varepsilon_0 r^2} + \frac{Q^2}{2\pi\varepsilon_0 r^2} = -\frac{Q^2}{4\pi\varepsilon_0 r^2} + \frac{2Q^2}{4\pi\varepsilon_0 r^2} = \frac{Q^2}{4\pi\varepsilon_0 r^2} \text{〔N〕}$$

【問題6】解答 3.
解説▶【平行電極のコンデンサの静電容量】

$$C = \varepsilon_0\varepsilon_r\frac{A}{d} = \varepsilon_0 \times 2 \times \frac{0.2}{0.004} = \varepsilon_0 \times \frac{0.4}{0.004} = 100\,\varepsilon_0 \text{〔F〕}$$

【問題7】解答 1.
解説▶【コンデンサに蓄えられる静電エネルギー】
　　コンデンサを合成すると，

$$C = \frac{C_1C_2}{C_1+C_2} \text{〔F〕}$$

なのでコンデンサに蓄えられるエネルギー W〔J〕は次のように計算できる。

$$W = \frac{1}{2}CV^2 = \frac{1}{2} \times \frac{C_1C_2}{C_1+C_2}V^2 = \frac{C_1C_2V^2}{2(C_1+C_2)} \text{〔J〕}$$

　　なお，問題の図においてコンデンサは直列接続なので各コンデンサに蓄えられる電荷 Q_1, Q_2〔C〕は等しく次のように求められる。

$$Q = Q_1 = Q_2 = CV = \frac{C_1C_2V}{C_1+C_2} \text{〔C〕}$$

第2回テスト

合格への目安　9問中6問以上正解できること。目標時間30分。

【問題1】 交流回路に関する記述として，**不適当なもの**はどれか。
1. 回路網の任意の接続点において，流入する電流の和と流出する電流の和は等しい。
2. 並列に接続された抵抗器に流れるそれぞれの電流は，各コンダクタンスの値に反比例した大きさとなる。
3. 交流波形の波形率は，実効値を平均値で除した値である。
4. 皮相電力は，有効電力の2乗と無効電力の2乗の和の平方根に等しい。

【問題2】 交流回路に関する記述として，**不適当なもの**はどれか。
1. 回路網の任意の接続点において，流入する電流の和と流出する電流の和は等しい。
2. 回路網の中で任意の閉回路を一巡するとき，その閉回路中の起電力の和と電圧降下の和は等しい。
3. 電源に直列に接続されたコンデンサのそれぞれの電圧は，各コンデンサの静電容量に比例した大きさとなる。
4. 電源に並列に接続された抵抗のそれぞれの電流は，各抵抗の値に反比例した大きさとなる。

【問題3】 直径が2mm，長さが1kmの導体の抵抗値として，**正しいもの**はどれか。ただし，導体の抵抗率 $= 2 \times 10^{-8}$〔Ω・m〕とする。
1. $\dfrac{1}{50\pi}$〔Ω〕　　2. $\dfrac{\pi}{20}$〔Ω〕　　3. $\dfrac{20}{\pi}$〔Ω〕　　4. 50π〔Ω〕

【問題4】 2Ωの抵抗に10Vの電圧を1分間かけたときに発生する熱量として，**正しいもの**はどれか。
1. 20J　　　2. 50J　　　3. 1,200J　　　4. 3,000J

【問題5】 図に示す三相対称交流回路において，三相平衡負荷の消費電力が2kWである場合の抵抗 R の値〔Ω〕として，**正しいもの**はどれか。
1. 20Ω
2. 60Ω
3. 180Ω
4. 540Ω

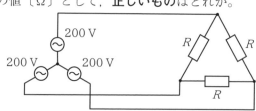

【問題6】 図に示す RLC 直列回路に，交流電圧を加えたときの力率の値として，**正しいもの**はどれか。ただし，$R = 3\,\Omega$，$X_L = 8\,\Omega$，$X_C = 4\,\Omega$とする。

1. 0.5
2. 0.6
3. 0.7
4. 0.8

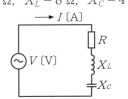

【問題7】 図に示す RLC 直列回路に交流電圧を加えたとき，当該回路の有効電力の値〔W〕として，**正しいもの**はどれか。

1. 860 W
2. 1,200 W
3. 1,785 W
4. 2,000 W

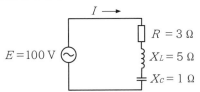

【問題8】 図に示す回路において，検電計の電流の流れが0となるとき，抵抗 R〔Ω〕とインダクタンス L〔mH〕の値の組合せとして，**正しいもの**はどれか。ただし，相互インダクタンスは無視するものとする。

	R	L
1.	10 Ω	5 mH
2.	40 Ω	10 mH
3.	40 Ω	20 mH
4.	60 Ω	10 mH

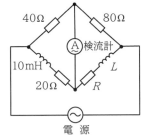

【問題9】 図に示す三相交流回路に流れる電流 I〔A〕を表す式として，**正しいもの**はどれか。ただし，電源は平衡三相電源とし，線間電圧は V〔V〕，誘導リアクタンスは X_L〔Ω〕，容量リアクタンスは X_C〔Ω〕，X_L と X_C の関係は $X_L > X_C$ とする。

1. $I = \dfrac{V}{X_L - X_C}$ 〔A〕

2. $I = \dfrac{\sqrt{3}\,V}{X_L - X_C}$ 〔A〕

3. $I = \dfrac{V}{2(X_L - X_C)}$ 〔A〕

4. $I = \dfrac{V}{\sqrt{3}(X_L - X_C)}$ 〔A〕

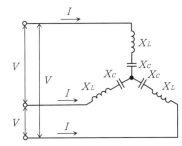

【問題1】 解答2.

解説▶【並列に接続された抵抗器に流れる電流とコンダクタンスの関係】

コンダクタンスに**比例**して流れる。

【問題2】 解答3.

解説▶【直列に接続されたコンデンサの分担電圧】

直列に接続されたコンデンサのそれぞれの電圧は，各コンデンサの静電容量に**反比例**した大きさとなる。

【問題3】 解答3.

解説▶【抵抗の公式】

$$R = \rho \frac{l}{S} = \rho \, [\Omega \cdot m] \frac{l \, [m]}{\pi \left(\dfrac{d}{2}\right)^2 [m^2]} = 2 \times 10^{-8} \times \frac{1 \times 10^3}{\pi \left(\dfrac{2 \times 10^{-3}}{2}\right)^2} \, [\Omega]$$

$$= \frac{2 \times 10^{-5}}{\pi \times 10^{-6}} \, [\Omega] = \frac{20}{\pi} \, [\Omega]$$

【問題4】 解答4.

解説▶【抵抗で消費する熱量】

$$W = \frac{V^2}{R} t = \frac{10^2}{2} \times 60 = 50 \times 60 = 3{,}000 \, [J]$$

【問題5】 解答3.

解説▶【△回路の電力】

抵抗 $R \, [\Omega]$ に流れる電流を $I \, [A]$ とすれば，

$$I = \frac{200\sqrt{3}}{R} \, [A]$$

である。消費電力 $P \, [W]$ は，

$$P = 3I^2 R = 3\left(\frac{200\sqrt{3}}{R}\right)^2 R = \frac{9 \times 200^2}{R} = 2{,}000 \, [W]$$

より次のようになる。

$$R = \frac{9 \times 200^2}{2{,}000} = 180 \, [\Omega]$$

【問題6】 解答2.

解説▶【力率の定義】

力率 $\cos \theta$ は次のように求められる。

$$\cos \theta = \frac{抵抗分}{合成インピーダンス}$$

$$= \frac{R}{\sqrt{R^2 + (X_L - X_C)^2}} = \frac{3}{\sqrt{3^2 + (8-4)^2}} = \frac{3}{\sqrt{3^2 + 4^2}} = \frac{3}{5} = 0.6$$

【問題7】 解答2.
解説▶【交流回路の電力】

回路の合成インピーダンス Z〔Ω〕は,

$$Z = \sqrt{R^2 + (X_L - X_C)^2} = \sqrt{3^2 + (5-1)^2} = \sqrt{3^2 + 4^2} = 5 \text{〔Ω〕}$$

となるので, 回路に流れる電流 I〔A〕は,

$$I = \frac{100}{Z} = \frac{100}{5} = 20 \text{〔A〕}$$

となるので, 有効電力 P〔W〕は次のようになる。

$$P = I^2 R = 20^2 \times 3 = 1,200 \text{〔W〕}$$

【問題8】 解答3.
解説▶【ブリッジの平衡条件】

検電計の電流の流れが0となるときは交流ブリッジが平衡しているので, 電源の角周波数を ω〔rad/s〕とすれば, ブリッジの平衡条件は,

$$40(R + j\omega L \times 10^{-3}) = 80(20 + j\omega \times 10 \times 10^{-3}) = 80(20 + j\omega \times 10^{-2})$$

$$R + j\omega L \times 10^{-3} = 40 + j2\omega \times 10^{-2} \quad \text{となる。}$$

この場合左辺と右辺の実数部どうし及び虚数部どうしが等しければよいので,

$$R = 40 \text{〔Ω〕}$$

$$j\omega L \times 10^{-3} = j2\omega \times 10^{-2}$$

$$L \times 10^{-3} = 2 \times 10^{-2}$$

$$\therefore \quad L = \frac{2 \times 10^{-2}}{10^{-3}} = 20 \text{〔mH〕} \quad \text{となる。}$$

【問題9】 解答4.
解説▶【Y回路の電流】

回路の合成リアクタンス X〔Ω〕は,

$$X = X_L - X_C \text{〔Ω〕}$$

であり, この X〔Ω〕に加わる電圧が, $\frac{V}{\sqrt{3}}$〔V〕なので,

三相交流回路に流れる電流 I〔A〕は,

$$I = \frac{V}{\sqrt{3}X} = \frac{V}{\sqrt{3}(X_L - X_C)} \text{〔A〕} \quad \text{である。}$$

合格への目安 | 8問中6問以上正解できること。目標時間25分。

【問題1】 指示電気計器の動作原理に関して，**不適当なもの**はどれか。

1. 誘導形計器は，固定電極と可動電極との間に生ずる静電力の作用で動作する計器である。

2. 熱電対形計器は，測定電流で熱せられる1つ以上の熱電対の起電力を用いる熱形計器である。

3. 永久磁石可動コイル形計器は，固定永久磁石の磁界と可動コイル内の電流による磁界との相互作用によって動作する計器である。

4. 電流力計形計器は，固定コイルと可動コイルに測定電流を流し，固定コイル内の電流による磁界と可動コイルの電流との相互作用によって動作する計器である。

【問題2】 図に示す最大目盛 50 mA の永久磁石可動コイル形電流計に 0.1 Ωの分流器 Rs を接続したとき，1 A まで測定可能な電流計となった。電流計の内部抵抗 Ra〔Ω〕の値として，**正しいもの**はどれか。

1. 0.1 Ω
2. 0.5 Ω
3. 1.9 Ω
4. 10 Ω

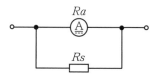

【問題3】 図に示す平衡三相回路の電力を測定する2電力計法において，線間電圧が V〔V〕，線電流が I〔A〕のとき，電力計 W$_1$，W$_2$ の指示値は，それぞれ P$_1$〔W〕，P$_2$〔W〕であった。このとき，負荷の力率を表す式として，**正しいもの**はどれか。

1. $\dfrac{\sqrt{2}VI}{P_1+P_2}$
2. $\dfrac{\sqrt{3}VI}{P_1+P_2}$
3. $\dfrac{P_1+P_2}{\sqrt{2}VI}$
4. $\dfrac{P_1+P_2}{\sqrt{3}VI}$

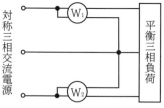

【問題4】 自動制御に関する記述として，「日本産業規格（JIS）」上，**不適当なもの**はどれか。

1. 開ループ制御は，フィードバックによって制御量を目標値と比較し，それらを一致させるように操作量を生成する制御である。

2. フィードフォワード制御は，目標値，外乱などの情報に基づいて，操作量を決定する制御である。

電気理論（その3）

3. PID 制御は，比例動作，積分動作，及び微分動作の 3 つの動作による制御方式である。

4. 安定性とは，系の状態が何らかの原因で一時的に平衡状態又は定常状態からはずれても，その原因がなくなれば元の平衡状態又は定常状態に復帰するような特性をいう。

【問題5】 図に示すシーケンス回路において，スイッチ A，B，C の状態とランプ L の点滅の関係として，**誤っているもの**はどれか。

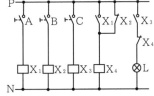

	A	B	C	ランプ L
1.	ON	OFF	OFF	消灯
2.	OFF	ON	ON	点灯
3.	ON	ON	OFF	消灯
4.	OFF	ON	OFF	点灯

【問題6】 図に示す回路を論理式に置き換えたものとして，**正しいもの**はどれか。

1. $A + B + C = Z$
2. $A \cdot B \cdot C = Z$
3. $(A + B) \cdot C = Z$
4. $A \cdot (B + C) = Z$

【問題7】 入力（A，B）と出力（X）の状態が真理値表の関係となる論理回路の名称として，**適当なもの**はどれか。

1. OR 回路
2. AND 回路
3. NOR 回路
4. NAND 回路

入力		出力
A	B	X
0	0	1
0	1	0
1	0	0
1	1	0

真理値表

【問題8】 図に示すブロック線図の合成伝達関数 G を表す式として，**正しいもの**はどれか。

1. $G = G_1 + G_2$
2. $G = G_1 - G_2$
3. $G = \dfrac{G_1}{1 + G_1 G_2}$
4. $G = \dfrac{G_1}{1 - G_1 G_2}$

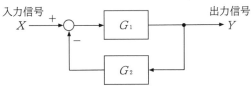

【問題1】 解答 1.

解説 【指示電気計器の動作原理】

　誘導形計器は，一つ以上の固定電磁石の交流磁界と，この磁界で可動導体中に誘導される渦電流との相互作用によって動作するものである。固定電極と可動電極との間に生ずる静電力の作用で動作する計器は**静電形計器**である。また，**電流力計形計器**は交直両用である。この他に整流形計器があるが，この動作原理は整流器と可動コイル形計器を組み合わせて交流の電圧や電流を測定できる。指針は平均値に応答するが正弦波の実効値で指示するように目盛られている。特徴は比較的高周波域まで測定できるが波形にひずみがあると誤差が生じる。

【問題2】 解答 3.

解説 【分流器の抵抗値と分流器の倍率】

　1A まで測定可能にするには分流器 Ra〔Ω〕には，$1 - 0.05 = 0.95$〔A〕流れればよいので，電流計の内部抵抗を r〔Ω〕とすれば，分流則より次のように計算できる。

$$0.95 = \frac{Ra}{Ra + r} \times (0.05 + 0.95) = \frac{Ra}{Ra + r} = \frac{Ra}{Ra + 0.01}〔A〕$$

$$\therefore \quad Ra = \frac{0.095}{1 - 0.95} = 1.9〔Ω〕$$

なお，$\dfrac{Ra + r}{Ra} = \dfrac{Ra}{Ra} + \dfrac{r}{Ra} = 1 + \dfrac{r}{Ra} = m$ を分流器の倍率 m という。

【問題3】 解答 4.

解説 【2 電力計法による三相電力の測定】

　2 電力計法による三相電力の値 P は，

$$P = P_1 + P_2〔W〕$$

で求められ，三相電力は $P = \sqrt{3}VI\cos\theta$〔W〕で計算できるので，両式を等しいとおいて力率 $\cos\theta$ を求めれば問題の解答の式となる。

【問題4】 解答 1.

解説 【整流形計器の特徴】

　閉ループ制御は，フィードバックによって制御量を目標値と比較し，それらを一致させるように操作量を生成する制御である。

【問題5】 解答 4.

解説 【シーケンス回路の動作】

　選択肢 4. においてスイッチ A 及び C が OFF であれば，スイッチ B の動作

に関わらずランプ回路の X₃ が開路してランプは消灯するので，選択肢4．が誤っているものである。

【問題6】　解答4.
解説▶【論理式】

Z が動作する条件は，スイッチ A と B が同時に ON するか又はスイッチ A と C が同時に ON する必要がある。これを論理式に置き換えると次のようになる。

$$A \cdot B + A \cdot C = A \cdot (B + C) = Z$$

なお，図のような回路では接点 Y が閉じる条件は互いのブレイク接点が入っているので，スイッチ A が閉じるときはスイッチ B は閉じない，又は，スイッチ B が閉じるときはスイッチ A は閉じないことが必要である。そこで論理式は，

$$(A \cdot \overline{B}) + (\overline{A} \cdot B) = Y \quad である。$$

【問題7】　解答3.
解説▶【論理回路】

問題の真理値表より，入力（A，B）のいずれか1つ（又は両方）が1のとき出力（X）が0となり，入力（A，B）がともに0のとき出力（X）が1になる回路は，「NOR 回路」である。

なお，図のような真理値表の場合は，入力（A，B）のいずれか1つ（又は両方）が OFF（0）のとき出力（X）が ON（1）となり，入力（A，B）がともに ON（1）のとき出力（X）が OFF（0）になる回路は，「NAND 回路」である。

入力		出力
A	B	X
OFF	OFF	ON
OFF	ON	ON
ON	OFF	ON
ON	ON	OFF

真理値表

【問題8】　解答3.
解説▶【ブロック線図の合成伝達関数】

問題の図のブロック線図の合成伝達関数 G は次のように表すことができる。

$$G = \frac{G_1}{1 + G_1 G_2}$$

なお，図のようなブロック線図の合成伝達関数 G は次のように表すことができる。

$$G = G_1 - G_2$$

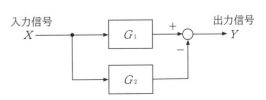

入力信号 X　　　　　　　出力信号 Y

【問題1】 三相変圧器の結線に関する記述として，**不適当なもの**はどれか。ただし，一次及び二次の線間電圧はインピーダンス降下を無視するものとする。

1．Y－Y結線の線間電圧の位相は，二次電圧と一次電圧が同相である。
2．Y－Y結線の線間電圧の大きさは，相電圧の$\sqrt{3}$倍である。
3．△－△結線の線間電圧の位相は，二次電圧が一次電圧より30°進んでいる。
4．△－△結線の線電流の大きさは，相電流の$\sqrt{3}$倍である。

【問題2】 変圧器の結線に関する記述として，**不適当なもの**はどれか。

1．Y－△結線は，第3調波電流が△結線の外部に流れる。
2．V結線は，△－△結線の一相を除いたもので変圧器の利用率が低い。
3．スコット結線は，位相差が90°の二相交流が得られる。
4．平衡負荷の場合，△－△結線の変圧器の相電流は線電流の$1/\sqrt{3}$である。

【問題3】 単相変圧器の並行運転に必要な条件に関する記述として，**不適当なもの**はどれか。

1．変圧器を逆極性に接続する。
2．変圧器の巻数比，一次及び二次の定格電圧を等しくする。
3．各変圧器のインピーダンス電圧を等しくする。
4．各変圧器の内部抵抗とリアクタンスの比を等しくする。

【問題4】 2台の三相変圧器の結線の組合せのうち，並行運転が可能な組合せとして，**適当なもの**はどれか。

1．△－Y結線とY－△結線　　　2．△－Y結線とY－Y結線
3．△－△結線とY－△結線　　　4．△－△結線と△－Y結線

【問題5】 定格負荷時の鉄損と銅損の比が1：2の変圧器において，最大効率となる負荷率の値として，**最も近いもの**はどれか。

1．50%　　2．60%　　3．70%　　4．80%

【問題6】 変圧器の電圧変動率 ε〔%〕を求める式として，**正しいもの**はどれか。ただし，百分率抵抗降下はp〔%〕，百分率リアクタンス降下はq〔%〕，力率は$\cos\theta$とする。

1．$\varepsilon = p\cos^2\theta + q\sin^2\theta$　　　2．$\varepsilon = q\cos^2\theta + p\sin^2\theta$
3．$\varepsilon = p\cos\theta + q\sin\theta$　　　4．$\varepsilon = q\cos\theta + p\sin\theta$

電気機器（その１）

【問題7】 変圧器に関する次の文章中 ⬚ に当てはまる語句の組合せとして，**適当なもの**はどれか。

「変圧器が全負荷運転から 1/2 負荷運転になったとき，鉄損は，⬚ イ ⬚，銅損は，⬚ ロ ⬚ になる。」

	イ	ロ		イ	ロ
1.	$\dfrac{1}{2}$ 倍	$\dfrac{1}{4}$ 倍	2.	$\dfrac{1}{2}$ 倍	$\dfrac{1}{2}$ 倍
3.	変わらず	$\dfrac{1}{4}$ 倍	4.	変わらず	$\dfrac{1}{2}$ 倍

【問題8】 高圧受電設備に用いる油入変圧器と比較した，モールド変圧器の特徴に関する記述として，**不適当なもの**はどれか。

1. 騒音が小さい。
2. 小型，軽量である。
3. 保守点検が容易である。
4. 難燃性，自己消火性に優れている。

【問題9】 高圧真空遮断器に関する記述として，**不適当なもの**はどれか。

1. 遮断時に異常電圧を発生することがある。
2. 真空もれの検出が容易である。
3. 真空中のアーク拡散により消弧する。
4. 火災，爆発のおそれがない。

【問題10】 遮断器に関する記述として，**最も不適当なもの**はどれか。

1. 空気遮断器は，ガス遮断器に比較して開閉時の騒音が大きい。
2. 磁気遮断器は，アークをアークシュート内に押し込み消弧する。
3. 真空遮断器は，真空中での高い絶縁耐力と拡散作用による消弧能力を利用している。
4. ガス遮断器は，空気遮断器に比較して小電流遮断時の異常電圧が発生しやすい。

【問題11】 高圧機器に関する記述として，**不適当なもの**はどれか。

1. 高圧交流遮断器の操作方法には，手動ばね操作，電磁操作，電動ばね操作などの方式がある。
2. 高圧交流負荷開閉器は，通常状態において励磁電流及び充電電流を開閉できない。
3. 高圧遮断路は，保守点検時に無負荷状態で設備を回路から切り離すために設けられる。
4. 高圧限流ヒューズの種類において，変圧器用はT，コンデンサ用はCの記号で表される。

【問題1】解答3.

解説▶【線間電圧と相電圧】

・Y－Y結線の線間電圧の位相は，二次電圧と一次電圧が同相である。

・Y－Y結線の線間電圧の大きさは，**相電圧の**$\sqrt{3}$**倍**で，位相が30°進みである。また，相電流＝線電流である。

・△－△結線の線間電圧の位相は，二次電圧と一次電圧が同相である。

・△－△結線の線電流の大きさは，**相電流の**$\sqrt{3}$**倍**で，位相が30°相電圧より遅れる。また，線間電圧＝相電圧である。

【問題2】解答1.

解説▶【Y－△結線の特徴】

・Y－△結線は，**第3調波**電流が△結線の**外部に流れない**で巻線内を循環するので，誘導障害などが生じにくい。

・V結線の利用率は，$\sqrt{3}/2$である。

・スコット結線は，交流式鉄道の変電所などに用いられる。

【問題3】解答1.

解説▶【単相変圧器の並行運転】

各変圧器を逆極性に接続すると，大きな循環電流が流れて変圧器を焼損させてしまう。

三相変圧器の場合は題意の条件のほかに，**相回転**の方向が一致し，かつ，**角変位**が等しいことが必要となる。

【問題4】解答1.

解説▶【三相変圧器の並行運転】

三相変圧器の場合は**角変位**が等しいことが必要となるので，右の表の組み合わせとなる。

可　能	不可能
△－△と△－△	△－△と△－Y
Y－YとY－Y	△－YとY－Y
Y－△とY－△	△－△とY－△
△－Yと△－Y	Y－△とY－Y
△－△とY－Y	
△－YとY－△	

【問題5】解答3.

解説▶【最大効率となる条件】

定格負荷時の変圧器の効率が最大となる条件は**鉄損**P_i**と銅損**P_c**が等しくなる場合**である。負荷率をKとすると最大効率時には次式が成立する。ただし，P_{cn}は定格時の銅損である。

$$P_i = P_c = K^2 P_{cn}$$

$$\therefore \quad K = \sqrt{\frac{P_i}{P_{cn}}}$$

題意より，$2P_i = P_{cn}$なので次のようになる。

$$K = \sqrt{\frac{P_i}{P_{cn}}} = \sqrt{\frac{P_i}{2P_i}} = \sqrt{\frac{1}{2}} = \frac{1}{\sqrt{2}} \fallingdotseq 0.70 = 70 \ [\%]$$

【問題6】解答3.

解説▶【変圧器の電圧変動率】

変圧器の電圧変動率 ε 〔％〕を求める式は遅れ力率の場合には，

$\varepsilon = p\cos\theta + q\sin\theta$ 〔％〕

となり，進み力率の場合には，

$\varepsilon = p\cos\theta - q\sin\theta$ 〔％〕

で表すことができる。

【問題7】解答3.

解説▶【鉄損と銅損】

変圧器の損失は負荷が変化しても鉄損はほとんど変化しないが，**銅損は負荷率の2乗に比例**する。これより変圧器が全負荷運転から1/2負荷運転になったとき，鉄損は変化せず，銅損は，$(1/2)^2 = 1/4$ になる。

【問題8】解答1.

解説▶【モールド変圧器の特徴】

油入変圧器の鉄心は外箱と絶縁油で遮蔽されて音が漏れにくいが，モールド変圧器の鉄心は露出しているので**騒音が大きくなる**。

【問題9】解答2.

解説▶【真空遮断機器の欠点】

真空もれの検出が**困難**である。

【問題10】解答4

解説▶【ガス遮断器の特徴】

ガス遮断器は，消弧能力の優れた六ふっ化硫黄ガス（SF_6）を圧縮して，アークに吹き付けて消弧する方式のもので，高電圧，大容量の遮断器として広く用いられている。ガス遮断器は，空気遮断器に比較して小電流遮断時の異常電圧が**発生しにくい**。

【問題11】解答2.

解説【高圧交流負荷開閉器の特徴】

高圧交流負荷開閉器は，通常の負荷電流，励磁電流，充電電流などを**開閉する**ことができる。断路器は，電流の流れていない回路の開閉に使用するのが原則だが，母線の充電電流など比較的小さい電流を開閉するのに使用する場合もある。

【**問題1**】 短絡比が小さい同期発電機と比較した短絡比が大きい同期発電機の記述として，**不適当なもの**はどれか。
 1. 励磁電流が大きい。
 2. 同期インピーダンスが大きい。
 3. 電圧変動率が小さい。
 4. 電機子反作用が小さい。

【**問題2**】 同期発電機の並列の条件に関する記述として，**関係がないもの**はどれか。
 1. 起電力の大きさが等しいこと。
 2. 起電力の位相が等しいこと。
 3. 周波数が等しいこと。
 4. 定格電流が等しいこと。

【**問題3**】 定格電圧6,600Vの同期発電機を，定格力率における定格出力から無負荷にしたとき，端子電圧が8,580Vになった。このときの電圧変動率の値として，**最も適当なもの**はどれか。ただし，励磁を調整することなく，回転速度は一定に保つものとする。
 1. 3.3%
 2. 4.3%
 3. 23.1%
 4. 30.0%

【**問題4**】 発電機に関する次の文章中，□□□□に当てはまる語句の組合せとして，**適当なもの**はどれか。
 「同期発電機の負荷が遅れ力率の場合には，□イ□により出力電圧が□ロ□する。」

	イ	ロ
1.	電機子銅損	上 昇
2.	電機子銅損	低 下
3.	電機子反作用	上 昇
4.	電機子反作用	低 下

【**問題5**】 三相同期発電機に電圧210V，電流200A，力率90%の負荷を接続して運転したときの原動機出力の値として，**最も近いもの**はどれか。ただし，発電機の効率は90%とする。

1. 52 kW
2. 59 kW
3. 73 kW
4. 90 kW

【問題6】 同期発電機においてスリップリングが不要な励磁方式として，**適当なもの**はどれか。
1. 直流励磁方式
2. 復巻励磁方式
3. ブラシレス励磁方式
4. サイリスタ励磁方式

【問題7】 高圧受変電設備において，高圧進相コンデンサと直列に接続して使用するリアクトルに関する記述として，**不適当なもの**はどれか。
1. コンデンサに印加される電圧を低減する。
2. 電圧波形のひずみを改善することができる。
3. コンデンサ容量リアクタンスに対して，一般に6％のリアクタンスをもつリアクトルとすることが多い。
4. コンデンサ投入時の突入電流を抑制する。

【問題8】 高圧進相コンデンサに関する記述として，**不適当なもの**はどれか。
1. 集合形コンデンサは，適切な個数の単器形コンデンサを1個の共通容器又は枠に収めたものである。
2. 蒸着電極コンデンサは，誘導体の一部が絶縁破壊しても自己回復することができる。
3. 乾式コンデンサは，内部に，80℃において流動性がある液体含浸剤を充てんしてある。
4. 保護接点付きコンデンサは，内部に異常が生じた際，これを検知して動作する接点を取り付けてある。

【問題9】 調相設備に関する記述として，**不適当なもの**はどれか。
1. 同期調相機は，系統に無効電力を供給するために用いられる。
2. 電力用コンデンサは，遅れ力率を補償するために用いられる。
3. 分路リアクトルは，進み力率を補償するため，系統に並列に接続して用いられる。
4. 静止形無効電力補償装置（SVC）は，変圧器を介して系統に直列に接続して用いられる。

【問題1】解答 2.

解説▶【同期発電機の特徴】

　　短絡比が小さい同期発電機は，銅を多く使用しているので**銅機械**ともいい，短絡比の大きい同期発電機は，鉄を多く使用しているので**鉄機械**ともいう。単位法で表した**同期インピーダンスの逆数が短絡比**となるので，**短絡比が大きい同期発電機の同期インピーダンスは小さい。**また，短絡比が大きいと，安定度は同期リアクタンスに**逆比例**するのでよくなるが，同期インピーダンスが小さいと短絡電流が大きくなる欠点がある。短絡比が小さい同期発電機はこの逆となる。

【問題2】解答 4.

解説▶【同期発電機の並列運転の条件】

　　同期発電機の並列運転の条件として，定格電流が等しいことは関係がなく，1.～3. の他に，**電圧の波形が等しい**ことが必要である。並列運転の条件の内ひとつでも満たされないと無負荷であっても発電機のバランスの崩れた（合成）起電力による循環電流が流れて発電機を加熱させたり，発電機の出力低下となる。また，場合によっては発電機の絶縁を破壊することになる。

【問題3】解答 4.

解説▶【電圧変動率の定義】

　　電圧変動率は次のように定義されている。

$$電圧変動率 = \frac{無負荷誘導起電力 - 定格電圧}{定格電圧} \times 100 〔\%〕$$

この式に題意の数値を代入すると，

$$電圧変動率 = \frac{8,580 - 6,600}{6,600} \times 100 = \frac{1,980}{6,600} \times 100 = 0.3 \times 100 = 30〔\%〕$$

【問題4】解答 4.

解説▶【同期発電機の電機子反作用】

　　同期発電機の負荷が，遅れ力率の場合には**電機子反作用**により出力電圧が**低下**し，同期発電機の負荷が進み力率の場合には，電機子反作用により出力電圧が上昇する。この現象を積極的に利用したのが**同期調相機**である。

【問題5】解答 3.

解説▶【原動機出力の値】

　　三相同期発電機の出力 P_G は，電圧 $V = 210$ V，電流 $I = 200$ A，力率 $\cos \theta = 90$ % とすると，

$$P_G = \sqrt{3} \times VI \cos \theta = \sqrt{3} \times 210 \times 200 \times 0.9 = 65,472 〔W〕$$

となる。発電機の効率を $\eta = 0.90$ とすると，原動機出力の値 P_M は次のように
なる。

$$P_M = \frac{P_G}{\eta} = \frac{65,472}{0.90} = 72,746 \ [\mathrm{W}] \ \fallingdotseq \ 73 \ [\mathrm{kW}]$$

【問題6】解答 3.
解説▶【同期発電機の励磁方式】

同期発電機の励磁方式は，大別すると静止形励磁方式，交流励磁機方式及び
直流励磁機方式の3種類に分類される。交流励磁機方式にはコミュテータレス
方式（整流子なし）とブラシレス方式があり一般にはコミュテータレス方式を
交流励磁機方式という。

【問題7】解答 1.
解説▶【直列リアクトルの影響】

直列リアクトルは，主として奇数次の高調波障害対策に用いられる。高圧進
相コンデンサのリアクタンスを X_C，直列リアクトルのリアクタンスを X_L と
すると，高圧進相コンデンサと直列に接続して使用した場合のコンデンサ端子
電圧 V_2 は次のようになる。ただし，V_1 は直列リアクトルを接続する前の高圧
進相コンデンサの端子電圧とする。

$$V_2 = \frac{X_C V_1}{X_C - X_L} = \frac{V_1}{1 - (X_L / X_C)}$$

一般に X_L は X_C の **6%** に設定されるので，$V_2 > V_1$ となって，進相コンデン
サの端子電圧は，直列リアクトルを用いた場合，回路電圧より**上昇する**。よっ
て，電源の電圧よりも定格値が高いものを選定する必要がある。

【問題8】解答 3.
解説▶【高圧コンデンサの特徴】

乾式コンデンサは，内部に 80 ℃において**流動性が無い**固体又は気体を充填
してある。内部に 80 ℃において流動性がある液体含浸剤を充填してあるのは
油入式コンデンサのことである。

【問題9】解答 4.
解説▶【静止形無効電力補償装置】

静止形無効電力補償装置（SVC）は，変圧器を介して系統に**並列**に接続して
用いられる。

第6回テスト

【問題1】 水力発電に使用される水車のキャビテーションに関する次の文章中，□□□に当てはまる語句の組合せとして，**適当なもの**はどれか。

「 イ は，吸出し高さが大きい場合には流水の圧力が ロ なり，キャビテーションが発生し，振動の発生，効率の低下など水車の特性に著しく有害な影響を与える。」

    イ   ロ
1．衝動水車 低く
2．衝動水車 高く
3．反動水車 低く
4．反動水車 高く

【問題2】 水力発電所において，水車に発生するキャビテーションを防止する方法に関する記述として，**不適当なもの**はどれか。
1．ランナ出口の真空度を高くする。
2．ランナ羽根やバケットの表面を平滑に仕上げる。
3．水車の比速度を余り大きくしない。
4．水車を過度の部分負荷で運転しない。

【問題3】 水力発電所において，プロペラ水車に発生するキャビテーションに関する記述として，**最も不適当なもの**はどれか。
1．水車の振動や騒音が減少する。
2．ランナ周辺に壊食が起こる。
3．ランナベーンの形状を整え，表面を平滑に仕上げることで発生を抑制できる。
4．過度な部分負荷運転を避けることで発生を抑制できる。

【問題4】 揚水発電所の揚水入力 P 〔MW〕の値として，**最も適切なもの**はどれか。ただし，全揚程 200 m，揚水量 45 m³/s，ポンプの効率 90 %，発電機の効率 98 % とする。
1．78 MW 2．80 MW
3．90 MW 4．100 MW

【問題5】 貯水池式発電所において，最大出力 98 MW を発電するのに必要な有効落差〔m〕の値として，**最も適当なもの**はどれか。ただし，水の流量＝50 m³/s，水車効率と発電機効率を総合した効率＝80 % とする。
1．100 m

電力系統（その１）

2．160 m

3．200 m

4．250 m

【問題6】水力発電における水車の調速機に関する記述として，**不適当なも**のはどれか。

1．回転速度の変化を検出して，自動的にガイドベーン開度を調整する。

2．発電機が系統に並列運転する時には，自動同期装置などの信号により調速制御を行う。

3．発電機が系統と並列運転に入った後は，出力調整を行う。

4．発電機が事故などで系統との並列運転が解けた場合には，電圧の低下を防止する。

【問題7】火力発電に関する記述として，**最も不適当なもの**はどれか。

1．石炭を燃料とする汽力発電所は，石油を燃料とする汽力発電所に比べて，発電所用地が広くなり所内動力も大きく，発電所熱効率もやや低い。

2．コンバインドサイクル発電は，汽力発電とガスタービン発電を組合せることにより，プラント全体の熱効率を高めることができる。

3．ガスタービン発電は，汽力発電と比較すると，負荷変動に対する追従性が悪い。

4．天然ガスを燃料とする汽力発電所では，液化天然ガス(LNG)の貯蔵タンク，LNGポンプ及び気化器などの設備が必要である。

【問題8】汽力発電所の設備に関する記述として，**不適当なもの**はどれか。

1．過熱器は，高圧タービンで仕事をした蒸気を再びボイラで加熱し，熱効率を向上させる。

2．節炭器は，排ガスで給水を加熱し，熱効率を向上させる。

3．復水器は，タービンの排蒸気を冷やして水に戻し，熱段差を高め熱効率を向上させる。

4．空気予熱器は，煙道排ガスで燃焼用空気を加熱し，燃焼効率を向上させる。

【問題9】加圧水形原子力発電所に関する記述として，**不適当なもの**はどれか。

1．原子炉容器の中で直接蒸気を作り，タービンを駆動する。

2．同じ出力の沸騰水形原子力発電所と比較すると，原子炉容器の鉄板は厚くなる。

3．ほう酸濃度の調整により，原子炉の反応度を調節できる。

4．同じ出力の沸騰水形原子力発電所と比較すると，原子炉容積は小さくなる。

【問題1】 解答 3.

解説▶【キャビテーション】

　水車におけるキャビテーションとは，流水に触れる機械部分の表面やその表面近くに**空洞が発生する現象**である。キャビテーションが発生すると，水が蒸発し，空気が遊離して泡を生じる。この泡は流水とともに流れるが，圧力の高いところに出会うと急激に崩壊して大きな衝撃力を生じ，流水に接する金属面を壊食させたり，振動や騒音を発生させ，効率を低下させる。

【問題2】 解答 1.

解説▶【キャビテーションの防止】

　水車に発生するキャビテーションを防止する方法は，**他に**次のようなものがある。

- 反動水車では吸出し高さを適切に選定する。
- 吸出管上部に適当な量の空気を入れる。
- キャビテーションの発生しやすい水車の部分には，腐食しにくい金属を使用する。

【問題3】 解答 1.

解説▶【キャビテーションの現象】

　水車の**振動や騒音が増加**するようになる。

【問題4】 解答 4.

解説▶【揚水発電所の揚水入力】

　揚水発電所の揚水入力 P〔MW〕，全揚程 $H = 200$ m，揚水量 $Q = 45$ m^3/s，ポンプの効率 $\eta_P = 0.9$，発電機の効率 $\eta_G = 0.98$ とすると，次式が成立する。

$$P = \frac{9.8\,HQ}{\eta_P \eta_G} \times 10^{-3}\ \text{〔MW〕}$$

上式に題意の数値を代入すると次のようになる。

$$P = \frac{9.8 \times 200 \times 45}{0.9 \times 0.98} \times 10^{-3} = 100\ \text{〔MW〕}$$

【問題5】 解答 4.

解説▶【水力発電の出力】

　最大出力 $P = 98$ MW，有効落差 H〔m〕，水の流量 $Q = 50$ m^3/s，水車効率と発電機効率を総合した効率を $\eta = 0.8$ とすると次式が成立する。

$$P = 9.8\,HQ\eta = 98\ \text{MW} = 98{,}000\ \text{kW}$$

$$\therefore H = \frac{98{,}000}{9.8\,Q\eta}\ \text{〔m〕}$$

上式に題意の数値を代入すると次のようになる。

$$H = \frac{98{,}000}{9.8 \times 50 \times 0.8} = 250 \,(\mathrm{m})$$

【問題6】解答 4.
解説▶【調速機】
　水車の調速機は，発電機が事故などで系統との並列運転が解けた場合には，発電機の異常な速度上昇を防ぎ，**電圧の上昇**を防止する。

【問題7】解答 3.
解説▶【ガスタービン発電の特徴】
　ガスタービン発電の特徴をまとめると次のようになる。
- 始動性がよく，負荷の急変に応じることができる。（負荷変動に対する追従性が**良い**。）
- 構造が簡単であり，補機が少ない。
- 運転操作が容易で，自動化がしやすい。
- 冷却水を大量に必要としない。
- 単機容量が小さく熱効率が低い。

【問題8】解答 1.
解説▶【再熱器】
　高圧タービンで仕事した蒸気を再びボイラで**加熱**し，熱効率を向上させるのは，**再熱器**である。

【問題9】解答 1.
解説▶【加圧水形原子炉】
　原子炉容器の中で直接蒸気を作り，タービンを駆動するのは**沸騰水型**の説明である。
　我が国で運転している原子力発電所で採用されている軽水炉形原子炉は，主として**沸騰水形（BWR）**及び**加圧水形（PWR）**の2種類である。減速材と冷却材に軽水を使用しているのでこのように呼ばれる。この二つの形の構成上の大きな相違点は，蒸気発生器の有無で，PWRは蒸気発生器を持つが，BWRは持たない。加圧水形原子炉では，原子炉で発生した高圧高温水を蒸気発生器でタービン系に熱交換するため，放射性物質を含む原子炉系と含まないタービン系を分離しているが，沸騰水形原子炉では原子炉で発生した蒸気を直接タービンに送るので，タービン系も放射線管理区域にする必要がある。

【問題1】電力系統に接続する各種電源に関する記述として，**不適当なもの**はどれか。

1. 石油火力発電は，燃料単価が高いことから，ミドル供給力又はピーク供給力として使用される。
2. 原子力発電は，長時間安定した運転ができることから，ベース供給力として使用される。
3. LNG火力発電は，燃料単価がピーク供給力とベース供給力の中間であることから，ミドル供給力として使用される。
4. 揚水式水力発電は，負荷変化への対応が難しいことから，ミドル供給力として使用される。

【問題2】水力，火力及び原子力発電所の出力分担を適切にし，経済運用を行ううえで，**不適当なもの**はどれか。

1. 自流式水力発電所の点検や作業のための停止は，河川流量の少ない渇水期に行う。
2. 調整池式水力発電所は，ベース負荷を分担する。
3. 原子力発電所は，定格出力の一定運転とする。
4. 火力発電所は，効率が良く発電単価の低い発電機を優先して運転する。

【問題3】直流送電の特徴に関する記述として，**不適当なもの**はどれか。

1. 交流送電と比べて長距離のケーブル送電が可能である。
2. 周波数が違う系統間の連系ができる。
3. 高調波や高周波を吸収するフィルタ設備が不要である。
4. 交流送電と比べて電力潮流の制御が容易である。

【問題4】電力系統に関する記述として，**不適当なもの**はどれか。

1. 同期調相機は，無効電力を調整する機器である。
2. 分路リアクトルは，進み無効電力を相殺する機器である。
3. 無効電力調整装置は，できるだけ無効電力の発生源近くに設置する。
4. 地中送電線は，遅れ無効電力発生源である。

【問題5】架空送電線が通信線に及ぼす電磁誘導障害の低減対策として，**不適当なもの**はどれか。

1. 通信ケーブルに遮へい層付ケーブルを使用する。
2. 送電線のねん架を行う。
3. 架空地線の抵抗を小さくする。

4．送電系統に中性点直接接地方式を採用する。

【問題6】電力系統の短絡容量の軽減対策に関する記述として，**不適当なも
の**はどれか。
1．発電機や変圧器などに高インピーダンス機器を採用する。
2．上位電圧系統を採用する。
3．直流連系により交流系統を分割する。
4．送電線に直列コンデンサを設置する。

【問題7】電力系統の安定度向上対策に関する記述として，**不適当なものは**
どれか。
1．架空送電線路に直列コンデンサを設置する。
2．送電電圧を高くする。
3．発電機のリアクタンスを増加させる。
4．高速度遮断及び高速度再閉路方式を採用する。

【問題8】電力系統に関する記述として，**不適当なもの**はどれか。
1．誘導電圧調整器は，無効電力を制御して電圧制御をする機器である。
2．長距離特別高圧送電線は，遅れ無効電力を相殺する効果を持っている。
3．無効電力を調節する機器として，電力用コンデンサが広く用いられている。
4．電力系統内の一カ所で有効電力制御を行えば，系統全体の周波数を制御する
ことが可能である。

【問題9】架空送電線の単導体方式と比較した，多導体方式の特徴として，
不適当なものはどれか。ただし，多導体の合計断面積は，単導体の断面
積に等しいものとする。
1．表皮効果が少ない。
2．線路の静電容量が減少する。
3．送電容量が増加する。
4．コロナによる雑音障害を軽減できる。

【問題10】地中電線路におけるケーブルの故障点位置を検出する方法とし
て，**不適当なもの**はどれか。
1．静電容量測定法
2．パルス式測定法
3．誘電正接測定法
4．サーチコイル法

第7回テスト | 解答と解説

【問題 1】解答 4.
解説▶【揚水式水力発電】

　深夜や軽負荷時の余剰電力を利用して揚水する揚水式水力発電は，総合効率が 70 % 程度ということもあり，ベース負荷運転には経済的に不利である。しかし，すばやい始動停止が可能で，負荷変化への対応が容易なことから，**ピーク供給力**として使用される。

【問題 2】解答 2.
解説▶【調整池式水力発電所】

　調整池式水力発電所は，オフピーク時に河川の流量を調整池に貯水しておきピーク時には河川の流量と調整池の水量を使用できる。流量の調整は自由にできるので発電量の可変が容易であり**ピーク負荷を分担**する。

【問題 3】解答 3.
解説▶【直流送電】

　直流送電では交直変換により電力をやり取りするので，変換時に発生する高調波や高周波を吸収する**フィルタ設備**が必要である。この他，次のような特徴がある。
- 絶縁レベルを低減できる。
- 安定度の問題が無く，送電線の電流容量の限界まで送電できる。
- 送電損失が少ない。
- 直流用の大容量遮断器の制作が難しい。
- 大地帰路方式では電食の問題が生じる。

【問題 4】解答 4.
解説▶【地中送電線】

　地中送電線は架空送電線路に比べて対地静電容量が**大きい**ので，**進み無効電力発生源**である。夜間などの軽負荷時に系統の電圧が上昇する**フェランチ効果**が発生したりするので注意が必要となる。しかし，重負荷時には進み無効電力の供給源となり力率を改善する。

【問題 5】解答 4.
解説▶【中性点直接接地方式】

　送電系統に中性点直接接地方式を採用すると，地絡故障時に**大電流**が流れるので地絡電流による**電磁誘導障害発生**の問題，1 線地絡時の送電系統の過渡安定度が低いなどの問題が生じる。しかし，地絡時における健全相の対地電位の上昇抑制，定格電圧の低い避雷器の採用，電線や機器の絶縁レベルの低減，地絡継電器の確実な動作，異常電圧発生の軽減などの特徴があるので，超高圧送電線路に採用され

る。電磁誘導障害の低減には**高抵抗接地**とする。

【問題6】解答 4.
解説▶【短絡容量の増大対策】

　送電線に直列コンデンサを設置すると，送電線のリアクタンスが**減少**して，短絡容量が**逆に大きく**なってしまう。また，このリアクタンスの減少により電力系統の安定度が向上する。短絡容量の増大対策には，大容量遮断器の採用，短絡強度の大きい機器の採用，高位電圧系統の導入による二次系統の分離運用，母線分割，事故時母線分離方式の採用，限流リアクトルの採用，高インピーダンス機器の採用，直流連系などがある。しかし，高インピーダンス機器を採用すると**安定度が低下**するので注意が必要である。

【問題7】解答 3.
解説▶【安定度向上対策】

　電力系統の安定度向上対策は，架空送電線路に直列コンデンサを設置するのと同じ理由で，発電機の**リアクタンスを減少**させる方法と，発電機の回転部のはずみ車効果を大きくすることや，励磁方式として**静止形励磁方式**を採用することがあげられる。この他の電力系統の安定度向上対策としては，送電電圧の高電圧化，高速度のリレーや遮断器の採用，直流送電の採用などがある。

【問題8】解答 1.
解説▶【誘導電圧調整器】

　誘導電圧調整器は，変圧器の鉄心の移動で磁束の大きさを機械的に変化させて**誘導起電力を調整**する。このため，同期調相機のように**無効電力変化を伴わ**ずに電圧を調整する装置となる。

【問題9】解答 2.
解説▶【多導体方式の特徴】

　多導体の合計断面積が単導体の断面積に等しい場合，線路の**静電容量が増加**し，**インダクタンスは減少**する。表皮効果が少ないので単導体に比べて１本あたりの電流容量の減少が少なくなるので送電容量が増加する。また，見かけの電線半径が増加するので，コロナによる雑音障害を軽減できるが，風圧や氷雪加重が大きくなる欠点がある。

【問題10】解答 3.
解説▶【ケーブルの故障点位置の検出】
　誘電正接測定法は絶縁劣化測定法である。

9問中6問以上正解できること。目標時間25分。

【問題1】照明に関する記述として，**不適当なもの**はどれか。
 1．点光源からの光による照度は，途中での吸収等がない場合，光源と観測点
  との距離の2乗に逆比例する。
 2．光度とは，光源からある方向への単位立体角あたりに出る光束をいう。
 3．輝度とは，光源の見かけの明るさを表し，ある与えられた方向に向かう光
  度を，その方向への見かけの面積で除したものである。
 4．青みが強い光よりも赤みが強い光の方が，色温度が高い。

【問題2】照明に関する記述として，**不適当なもの**はどれか。
 1．電磁波の放射束のうち，光として感じるエネルギーの部分を光束という。
 2．ある波長の光に対して，目が感じる明るさを視感度という。
 3．光源からある方向への単位立体角当たりに出る光束の大きさを，その方向
  の光度という。
 4．照射面の単位面積当たりに入射する光束の大きさを輝度という。

【問題3】磁気回路式安定器を使用した蛍光灯器具と比較した高周波点灯式
 蛍光灯器具の特徴に関する記述として，**不適当なもの**はどれか。
 1．小型化，軽量化が図れる。
 2．同じ明るさで，省電力が図れる。
 3．ランプの発光効率が優れている。
 4．高周波点灯のため，安定器の騒音が大きい。

【問題4】一般照明用白熱電球と比較した一般照明用ラピッドスタート形白
 色蛍光ランプの特徴に関する記述として，**不適当なもの**はどれか。
 1．色温度が高い。
 2．演色性がよい。
 3．定格寿命が長い。
 4．ランプ効率がよい。

【問題5】照明の光源に関する記述として，**最も不適当なもの**はどれか。
 1．メタルハライドランプは，不活性ガスとともに微量のハロゲンガスを封入
  し，ハロゲンサイクルを利用したものである。
 2．低圧ナトリウムランプは，ナトリウム蒸気中の放電から放射する黄橙色の
  単色光を利用したものである。
 3．蛍光ランプは，放電によって発生する紫外放射をガラス管内壁に塗布され
  た蛍光体により，可視光に変換するものである。

4．キセノンランプは，キセノンガス中の放電による発光を利用するものである。

【問題6】 各種ランプと比較した，高周波点灯専用形蛍光ランプ（Hf 蛍光ランプ）の特徴に関する記述として，**不適当なもの**はどれか。
1．高圧水銀ランプよりランプ効率が低い。
2．低圧ナトリウムランプよりランプ効率が低い。
3．一般照明用電球より定格寿命が長い。
4．ハロゲン電球より定格寿命が長い。

【問題7】 図に示す床面P点の水平面照度E〔lx〕の値として，**正しいもの**はどれか。ただし，光源は点光源とし，P 方向の光度Iは 50 cd とする。
1．1 lx
2．2 lx
3．4 lx
4．10 lx

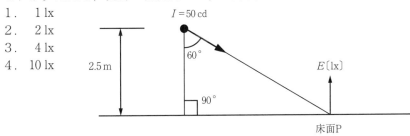

【問題8】 次の文章に該当する電気加熱方式として，**適当なもの**はどれか。
「導電性の被熱物又はその容器に交流磁界を与えると，渦電流損や磁性体のヒステリシス損により発熱する。」
1．誘導加熱
2．アーク加熱
3．誘電加熱
4．抵抗加熱

【問題9】 アーク炉による電圧フリッカの抑制対策に関する記述として，**不適当なもの**はどれか。
1．配線サイズを太くする。
2．直列に緩衝リアクトルを設置する。
3．直流アーク炉に代え，交流アーク炉を採用する。
4．専用線あるいは専用変圧器で供給する。

【問題1】解答 4.

解説▶【色温度】

　青みが強い光よりも赤みが強い光の方が，**色温度が低い**。

【問題2】解答 4.

解説▶【照度の定義】

　照射面の単位面積当たりに入射する光束の大きさを**照度**という。照射面の面積を A 〔m²〕，入射する光束を F 〔lm〕とすると，照射面の照度 E 〔lx〕は次式のように表すことができる。

$$E = \frac{F}{A} \ \text{〔lx〕}$$

【問題3】解答 4.

解説▶【高周波点灯式蛍光灯器具の特徴】

　高周波点灯式蛍光灯器具はインバータにより，電源周波数を数 kHz〜20 kHz 程度に上昇させて点灯するので，**ランプのチラツキがなく即時始動する**こと，及び安定器のインダクタンスを小さくすることができるので，点灯システムの電力損失が小さく**安定器の騒音も小さい**。

【問題4】解答 2.

解説▶【ラピッドスタート形白色蛍光ランプの特徴】

　蛍光ランプは一般に次のような特徴があり，白熱電球に比べて 4 〜 6 倍以上の効率となるが**演色性が悪い**のが欠点である。

- 放射熱が白熱電球に比べて少ない。
- 周囲温度の影響を受けやすい。
- 高周波を利用した蛍光ランプは，効率が高い。
- 安定器のため，力率は低い。これを改善するには，コンデンサを並列に入れる。

【問題5】解答 1.

解説▶【メタルハライドランプ】

　水銀灯の発光管の中に金属のハロゲン化物を添加し放電させると，金属のハロゲン化物は，放電による熱によって蒸発し，アーク中央の高温部に達すると，金属とハロゲンに解離して，その元素特有の発光スペクトルを発する。この原理を利用したのがメタルハライドランプである。**ハロゲンサイクル**を利用したものはハロゲン電球で，ハロゲンサイクルにより，蒸発した金属がガラス管の内面に付着して黒くなることを防いでいる。

【問題6】 解答 1.
解説▶【高周波点灯専用形蛍光ランプの特徴】
　高周波点灯専用形蛍光ランプ（Hf 蛍光ランプ）は高圧水銀ランプよりランプ効率が高い。

【問題7】 解答 1.
解説▶【水平面照度】
　床面 P 点の水平面照度 E〔lx〕は次式により与えられる。

$$E = \frac{I}{\ell^2} \cos\theta \ \text{〔lx〕}$$

　ただし，I は P 方向の光度〔cd〕，ℓ は光源から P 点の距離〔m〕である。ここで，

$$2.5 = \ell\cos\theta \ \text{〔m〕}$$

$$\therefore \ell = \frac{2.5}{\cos 60°} = \frac{2.5}{0.5} = 5 \ \text{〔m〕}$$

となるので，上式に題意の数値，$I = 50$ cd，$\cos\theta = \cos 60° = 0.5$，$\ell = 5$ m を代入すれば次のように計算できる。

$$E = \frac{I}{\ell^2} \cos 60° = \frac{50}{5^2} \times 0.5 = \frac{25}{25} = 1 \ \text{〔lx〕}$$

【問題8】 解答 1.
解説▶【電気加熱方式】
- アーク加熱は，放電によるアーク熱によって加熱する方法で，被熱物を電極とする直接式と，電極間のアーク熱を放射等によって被熱物を加熱する間接式がある。
- 誘電加熱は，高周波電圧を加えた電極の間に食品などを置いて，直接加熱する方式である。この加熱は内部加熱であり，加熱が均一に行われる特徴がある。
- 抵抗加熱方式は，ニクロム線などの発熱体に電流を流して発熱させて，発生した熱を被熱物にあてる間接式と，被熱物に直接電流を流して加熱する直接式がある。

【問題9】 解答 3.
解説▶【電圧フリッカの抑制対策】
　電圧フリッカは直流アーク炉よりも，交流アーク炉を採用するほうがより大きくなる。この他に，電源インピーダンスの小さな線路から給電する，送配電線に直列コンデンサを設け，電圧降下を補償するなどの方法がある。

第9回テスト

【問題1】 誘導電動機の速度制御法として，**不適当なもの**はどれか。
1. 二次抵抗制御法
2. 電源周波数制御法
3. 静止セルビウス方式
4. 静止レオナード方式

【問題2】 誘導電動機のインバータ制御に関する記述として，**不適当なもの**はどれか。
1. インバータの主要な回路は，コンバータ部とインバータ部で構成されている。
2. インバータ入力側の電流波形のひずみが，電源への高調波の発生原因となっている。
3. 可変速運転するので，騒音及び振動は発生しない。
4. V/f一定制御法は，周波数制御による速度制御法として使用されている。

【問題3】 直流電気車において，直流直巻電動機を用いる電気車と比較した，インバータ制御による三相誘導電動機を用いる電気車の特徴に関する記述として，**最も不適当なもの**はどれか。
1. 主電動機を小型にすることができる。
2. 主抵抗器が不要で大幅に電力の節約ができる。
3. 整流子，ブラシが不要で保守点検が容易である。
4. 正転と逆転を切換えるための回路が複雑となる。

【問題4】 三相かご形誘導電動機の始動に関する記述として，**不適当なもの**はどれか。
1. 始動電流は，始動補償器を用いることで制限できる。
2. 全電圧始動は，比較的小容量の電動機に使用される。
3. 始動電流は，スリップリングに接続した外部抵抗を大きくすることで制限できる。
4. 次同期運転は，始動しても低速運転状態で落ちついて，それ以上加速しない現象をいう。

【問題5】 電動機に関する次の記述のうち，**不適当なもの**はどれか。
1. 誘導電動機は，負荷が変化しても速度の変化が小さいため，定速度電動機に属する。
2. かご形誘導電動機は，出力が大きくなると，Y－△始動や始動補償器等による始動を行う。

3．直流電動機は，始動電流が小さいため，全電圧始動が多く用いられている。
4．直流直巻電動機は，負荷によって速度が著しく変化するので，変速度電動機に属する。

【問題6】蓄電池に関する記述として，**不適当なもの**はどれか。
1．鉛蓄電池の放電容量は，放電時間率によって変化する。
2．制御弁式据置鉛蓄電池（MSE形）は，通常電解液の補液が不要である。
3．アルカリ蓄電池の正極活物質には，主としてカドミウムが使用される。
4．アルカリ蓄電池は鉛蓄電池に比べ，低温時における放電容量の減少が少ない。

【問題7】電池に関する次の文章中，□□□に当てはまる語句の組合せとして，**適当なもの**はどれか。
「化学エネルギーを電気エネルギーとして取り出した後，充電することにより，何度も繰り返し使用できるものを□イ□といい，□ロ□は単電池（セル）あたりの公称電圧が2Vである。」

　　　　　イ　　　　　　ロ　　　　　　　　　イ　　　　　　ロ
1．一次電池　　鉛蓄電池　　　2．一次電池　　アルカリ蓄電池
3．二次電池　　鉛蓄電池　　　4．二次電池　　アルカリ蓄電池

【問題8】鉛蓄電池に関する記述として，**不適当なもの**はどれか。
1．極板は，主としてペースト式とクラッド式が用いられる。
2．正極活物質は二酸化鉛（PbO_2）結晶，負極活物質はスポンジ状鉛（Pb）が使用される。
3．電解液の比重は，放電すると下がり，充電により回復する。
4．放電容量は，放電電流が大きいほど大きくなる。

【問題9】りん酸形燃料電池に関する次の文章中，□□□に当てはまる語句の組合せとして，**適当なもの**はどれか。
「水素は燃料電池の燃料極で電子を放出して水素イオンとなり，りん酸電解質中を経由して空気極へ移動する。空気極では，水素イオンと外部回路を通ってきた電子とが，空気中の□イ□と反応して□ロ□を生ずる。」

　　　　　イ　　　　ロ
1．酸　素　　二酸化窒素
2．酸　素　　　水
3．窒　素　　二酸化窒素
4．窒　素　　　水

【問題1】解答 4.

解説▶【誘導電動機の速度制御法】

- 二次抵抗制御法は，巻線形三相誘導電動機の始動方法で二次回路の**外部抵抗**を変化させる。
- 電源周波数制御法は，インバータによって電源の**周波数 f** を調整することにより回転数を制御する。
- 静止セルビウス方式は，**二次電力**を電源へ返還する。
- 静止レオナード方式は，**直流電動機**の速度制御法である。

【問題2】解答 3.

解説▶【インバータ制御】

インバータは，コンバータにより交流を整流して直流とし，必要とする**電圧と周波数**を持つ交流に再度変換する。この変換時に発生する高調波や運転時の脈動トルクなどにより，**騒音及び振動は増加する。**

【問題3】解答 4.

解説▶【インバータ制御】

三相誘導機は，電源に生じる相回転を利用して回転子を回転させているが，相回転は電源の**相順**を入れ替えるだけで変えることができる。正転と逆転を切り替えるためには，電源の電線を**2本**入れ替えるだけで正転と逆転を切替えることができるので**簡単である。**

【問題4】解答 3.

解説▶【三相かご形誘導電動機の始動法】

始動電流がスリップリングに接続した外部抵抗を大きくすることで制限できるのは，**三相巻線形誘導電動機**の始動法である。巻線形誘導電動機では，二次回路に抵抗を挿入してすべりに応じて抵抗値を変化させることにより，始動電流値が小さくとも始動トルクを大きくして始動できる。

しかし，二次回路を持たないかご形誘導電動機では，電源電圧をそのまま加えて始動すると，過大な始動電流が流れて電動機の巻線を加熱・焼損させたり，力率の悪い大きな電流が電源に流れ込むので，電圧降下が過大になるおそれがある。小容量の5kW程度のかご形誘導電動機では，直に電源電圧を加えて始動する**全電圧(直接)始動法**が行われるが,それ以上の容量の電動機では**スター・デルタ始動法**などが行われる。

【問題5】解答 3.

解説▶【直流電動機の始動】

直流電動機は，始動時には逆起電力が0なので，全電圧を加えて始動すると

過電流が流れて電動機を焼損させるので，始動抵抗器を接続して始動電流を制限する。

【問題6】 解答 3.
解説▶【蓄電池の性質】
アルカリ蓄電池は，正極にオキシ水酸化ニッケル，負極にカドミウムが用いられ，放電により正極は水酸化ニッケル，負極は水酸化カドミウムとなる。その他，放電に関して次のように定められている。

- 放電終止電圧は，放電を停止すべき蓄電池の端子電圧である。
- 放電率には，電流率と時間率がある。
- 容量換算時間（K）は，放電電流率の逆数で表される。

【問題7】 解答 3.
解説▶【二次電池の特徴】
化学エネルギーを一度だけ電気エネルギーとして取り出せるのを一次電池といい，充電することにより，何度も繰り返し使用できるものを二次電池という。鉛蓄電池は単電池（セル）あたりの公称電圧が2Vで，アルカリ蓄電池の公称電圧は1.2 Vである。

【問題8】 解答 4.
解説▶【鉛蓄電池の特性】
自己放電量は放電電流が小さいほど，温度が高いほど大きくなるが，温度が高くなると腐食や劣化が進むので注意が必要である。鉛蓄電池の特性はこの他に次のようなものが挙げられる。

- 電解液の比重は，放電すると下がり，充電により回復する。
- サルフェーションが発生すると，充放電が阻害される。

【問題9】 解答 2.
解説▶【燃料電池】
燃料電池は，天然ガス，メタノール等を改質して得られる水素など，電気化学的に活性な燃料を電気化学プロセスを経て大気中の酸素と反応させ，そのとき生ずる化学エネルギーを直接電気エネルギーの形で取り出す発電装置で，燃料と酸化剤とを連続して供給すれば，理論的には永久に発電を続けることが可能である。

現在実用化段階にあるのがリン酸形燃料電池であり，そのほかに溶融炭酸塩形燃料電池，固体電解質形燃料電池等がある。燃料電池発電は，火力発電に比べて効率が高く，また，原理的に燃焼や回転を必要としないので，環境への影響も小さく，分散形電源として期待されている。

第2章

電気設備

【問題1】 火力発電プラントの制御方式に関する記述として，**不適当なもの**はどれか。

1．ボイラ追従制御は，タービン蒸気加減弁を操作して発電機出力を制御し，ボイラ入力操作により主蒸気圧力を制御する。

2．ボイラ追従制御は，保有熱量の小さな貫流ボイラでは圧力変動が大きくなる。

3．タービン追従制御は，ボイラ入力により発電機出力を制御し，タービン蒸気加減弁により主蒸気圧力を制御する。

4．タービン追従制御は，主蒸気圧力の変動を小さくできるので，出力応答特性がボイラ追従制御より良い。

【問題2】 汽力発電における熱サイクルに関する次の文章に該当する用語として，**適当なもの**はどれか。

「タービン内で断熱膨張している蒸気が，湿り始める前にタービンより蒸気を取り出し，再びボイラへ送って再加熱し，過熱度を高めてから再びタービンに送って，最終圧力まで膨張させるサイクル。」

1．再熱サイクル

2．再生サイクル

3．ランキンサイクル

4．再熱再生サイクル

【問題3】 原子力発電に関する記述として，**不適当なもの**はどれか。

1．減速材は，高速中性子のエネルギーを衝突により奪い，核分裂反応を抑制するものである。

2．反射材は，炉心からの中性子の漏れを少なくするものである。

3．冷却材は，核分裂により発生した熱を原子炉の外部に運び出す伝熱媒体である。

4．制御材は，原子炉の中性子の数を適切に保ち，炉の出力を制御するものである。

【問題4】 沸騰水形原子力発電所の構成機器として，**不適当なもの**はどれか。

1．再循環ポンプ

2．気水分離器

3．蒸気発生器

4．ジェットポンプ

【問題5】 風力発電に関する記述として，**最も不適当なもの**はどれか。
1．運転中に温室効果ガスを発生しない。
2．プロペラ形風車は，水平軸形風車の一種である。
3．発電量は不規則で間欠的である。
4．ダリウス風車は，風向の変化に対して姿勢を変える必要がある。

【問題6】 発電用ボイラの過熱器に関する次の文章中，_____に当てはまる語句の組合せとして，**適当なもの**はどれか。
　「過熱器は　イ　で発生した　ロ　を過熱するもので，伝熱方式により，接触形，放射形及び放射接触形の3種類に分けられる。」

	イ	ロ		イ	ロ
1．	節炭器	温　水	2．	節炭器	飽和蒸気
3．	蒸発管	温　水	4．	蒸発管	飽和蒸気

【問題7】 ダム水路式発電所の水圧管に発生する水撃圧を抑制する対策として，**不適当なもの**はどれか。
1．圧力水路と水圧管の間にサージタンクを設ける。
2．水車入口弁を閉じる前の水の流速を遅くする。
3．水車入口弁の閉鎖に要する時間を長くする。
4．水圧管を長くする。

【問題8】 水力発電に用いる水車に関する記述として，**最も不適当なもの**はどれか。
1．フランシス水車は，動作原理によって大別すると，反動水車に分類される。
2．フランシス水車は，出力が変化しても効率はほぼ一定である。
3．ペルトン水車は，動作原理によって大別すると，衝動水車に分類される。
4．ペルトンス水車は，吸出管がないため，排棄損失が大きくなる。

【問題1】解答 4.
解説▶【火力発電プラントの制御方式】

タービン追従制御は，主蒸気圧力の変動を小さくできるが，ボイラの応答遅れのため，**出力応答特性がボイラ追従制御より悪い**。火力発電所におけるボイラ自動制御は，所定の蒸気条件のもとで，発電機出力に応じた蒸気流量を安定してタービンに供給することを目的としており，その制御対象量としては発電機出力，ドラム水位（循環形ボイラの場合），タービン入口蒸気圧力および排ガス中の酸素濃度であり，また操作対象量としては給水流量，燃料流量，空気流量などである。

【問題2】解答 1.
解説▶【熱サイクル】

- 再生サイクルは，蒸気がタービンで膨張する途中で一部の蒸気を抽出し，その抽気でボイラに送られる給水を加熱することにより，復水器で捨てる熱量を減少させて，熱効率を向上させる。
- ランキンサイクルは，汽力発電の基本サイクルであり，2つの等圧変化線と2つの断熱変化線とからなるサイクルである。
- 再熱再生サイクルは，再熱サイクルと再生サイクルとを組み合わせたもので更なる効率の向上が期待できる。

【問題3】解答 1.
解説▶【原子力発電の構成材】

核分裂によって生じる中性子の速度は速く（平均 2 MeV），この中性子では核分裂を継続させることは困難なので，速度の遅い（平均 0.025 MeV）**熱中性子**にする必要がある。核分裂を**促進させる**為に使用されるのが減速材で，中性子吸収断面積の小さい重水，**軽水**（H_2O）及び黒鉛などが使用される。

【問題4】解答 3.
解説▶【軽水炉】

沸騰水形原子炉（BWR）では，冷却材が原子炉を上昇する間に沸騰し，飽和蒸気となってタービンに送られる。したがって，この炉は燃料費は高いが，**蒸気発生器**が不要であるため資本費は安く，冷却材の動力費も少ない。しかし，タービンを含む蒸気系も放射能をおびるので，タービン本体やその付属機器の**放射能遮へい**設計に注意する。

加圧水形原子炉（PWR）は燃料体，冷却材，減速材のいずれも沸騰形と同じであるが，冷却水は加圧されているため原子炉心を上昇する間には沸騰せず高温となって蒸気発生器に導かれ二次側の水を熱して，飽和蒸気となりタービンに送られる。したがって，この炉は燃料費は高いが，軽水減速冷却炉であ

るため原子炉は小形化される。また，蒸気発生器が必要となるので資本費は
BWRに比して高くなるが，タービンを含む蒸気系には**放射能**をおびない。

【問題5】解答 4.
解説▶【風力発電】
　ダリウス風車は，**風向の変化に対して姿勢を変える必要がない**。ダリウス風
車は，重量及びコスト当たりの出力が大きく注目されている。

　　　　プロペラ風車　　　　ダリウス風車

【問題6】解答 4.
解説▶【ボイラの過熱器】
　過熱器は**蒸発管**で発生した**飽和蒸気**を過熱するものである。ボイラの煙道か
らでるガスには，まだ相当量の熱量が含まれているので，これを利用して**節炭
器**によりボイラ給水を加熱することで，プラント効率を向上させる。また，ボ
イラ水の温度変化とボイラに与える熱応力が少なくなる利点がある。

【問題7】解答 4.
解説▶【水撃圧を抑制する対策】
　水力発電設備における水撃作用は，系統事故などにより，水車発電機の負荷
が遮断され，水圧管路に流れていた水が急に遮断される時に発生する。現象と
しては，水がヘッドタンクとガイドベーンの間を往復して，圧力振動を発生さ
せる。これを防止するには**水圧管を短くする**必要がある。

【問題8】解答 2.
解説▶【水車】
　フランス水車の適用落差は，おもに50〜500 mの**中高落差**に用いられる。
効率は他のどの水車よりも良いが，水車の構造上ランナが固定されているので
最高効率を発生する以外の負荷においてランナの角とガイドベーンの角が一致
しなくなるので効率が悪くなる。また，**部分負荷時**にはペルトン，カプラン，
斜流水車より効率が悪く，フランシス水車の**比速度**が高ければ高いほどその傾
向が大きくなる。

合格への目安 　9問中6問以上正解できること。目標時間25分。

【問題1】 高圧変圧器の過負荷保護のために用いる機器として，**不適当なもの**はどれか。
1. 警報用接点付温度計
2. 過電流継電器
3. 熱動形過負荷保護継電器（サーマルリレー）
4. 過電圧継電器

【問題2】 単巻変圧器に関する記述として，**不適当なもの**はどれか。
1. 等価容量が小さい。
2. 無負荷損が小さい。
3. 電圧変動率が小さい。
4. 高圧側異常電圧が低圧側に波及しない。

【問題3】 変電所に用いる電力用変圧器に関する次の文章中，□□□に当てはまる語句の組合せとして，**適当なもの**はどれか。
　「変圧器のインピーダンスが□イ□と，電圧変動率は小さく，系統の安定度は良くなるが，系統の短絡容量は増加し，変圧器が□ロ□となり，重量が大きくなる。」

	イ	ロ
1.	小さい	銅機械
2.	小さい	鉄機械
3.	大きい	銅機械
4.	大きい	鉄機械

【問題4】 定格容量が 100 MVA と 200 MVA の2台の変圧器を並行運転して合計 90 MW の負荷としたとき，両変圧器の負荷分担の組合せとして，**正しいもの**はどれか。ただし，両変圧器の抵抗とインピーダンスの比は等しいものとし，短絡インピーダンス（インピーダンス電圧）は 11 % とする。

	100 MVA 変圧器	200 MVA 変圧器
1.	15 MW	75 MW
2.	30 MW	60 MW
3.	45 MW	45 MW
4.	60 MW	30 MW

【問題5】 変電所の設備に関する記述として，**不適当なもの**はどれか。
1. 変成器は，直接測定できない高電圧や大電流を，測定しやすい電圧や電流

に変成するために使用する。

2．負荷時タップ切替装置は，系統の無効電力を調整する。

3．接地開閉器は，遮断器や断路器が開路した後に閉路して残留電荷を放電させる。

4．裸母線は，硬銅より線などを導体とした引留式母線と，アルミパイプなどの剛体を導体とした固定式母線に大別される。

【問題6】 送電系統に用いる保護継電方式に関する記述として，**不適当なもの**はどれか。

1．距離継電方式は，短絡保護用としてはどのような中性点接地方式についても用いることができる。

2．回線選択継電方式は，送電線が2回線併用している場合の後備保護継電方式として採用されている。

3．表示線継電方式は，比較的短距離の送電線の主保護継電方式として採用されている。

4．位相比較継電方式は，多相再閉路も適用しやすいので広く用いられているが，マイクロ波などの伝送回路が必要である。

【問題7】 変電所に施設する機器に関する記述として，**不適当なもの**はどれか。

1．断路器は，充電された無負荷状態の電路を開閉できる。

2．負荷開閉器は，短絡など特定の異常回路条件で指定時間の間，電流を通電できる。

3．接地開閉器は，短絡や地絡などの故障電流を遮断できる。

4．避雷器は，雷及び回路の開閉などに起因する衝撃過電圧に伴う電流を大地へ分流する。

【問題8】 変電所の母線電圧を調整するために用いられる機器として，**関係のないもの**はどれか。

1．負荷時タップ切換変圧器　　　2．電力用コンデンサ

3．同期調相機　　　　　　　　　4．補償リアクトル

【問題9】 屋内変電所に施設する高圧避雷器に関する記述として，**不適当なもの**はどれか。

1．避雷器にはA種接地工事を施す。

2．放電現象が終了した後，続流を短時間に阻止又は遮断して，回路を原状に復帰する機能がある。

3．制限電圧とは，避雷器に電流が流れ始める最低の商用周波電圧である。

4．避雷器を設置する位置は，被保護機器からなるべく近いところに設置する。

【問題1】解答 4.

解説▶【過負荷保護】

　過電圧継電器は**フェランチ効果**など変圧器に異常電圧が加わったときに変圧器を回路から遮断するための継電器である。過負荷保護とは異なるものである。

【問題2】解答 4.

解説▶【単巻変圧器】

　単巻変圧器は、高圧側と低圧側の巻線が**電気的に接続**されているので、高圧側異常電圧が低圧側に**波及する**。

【問題3】解答 2.

解説▶【変圧器の特性】

　一般に、変電所でインピーダンスの**小さい**変圧器を使用すれば電圧変動率は小さく、系統のリアクタンスに反比例する**安定度**は良くなる。また、インピーダンスが小さいので系統の短絡容量が増加する。よって、遮断器の容量は大となる。インピーダンスの小さい変圧器は**鉄心が多い**ので銅損に比べ鉄損が大きく、重量が増す。

【問題4】解答 2.

解説▶【変圧器の並行運転】

　両変圧器の抵抗とインピーダンスの比は等しく、短絡インピーダンスも等しい。よって**並列運転の条件**を満たしており、各変圧器が過負荷となることなく定格容量に比例して負荷電流を分担することができる。これより、各変圧器の**負荷分担は各変圧器の容量に比例して分担**する。定格容量が 100 MVA の分担容量を P_A〔MW〕、定格容量が 200 MVA の分担容量を P_B〔MW〕とすれば次のように計算できる。

$$P_A = \frac{100}{100 + 200} \times 90 = \frac{1}{3} \times 90 = 30 \text{〔MW〕}$$

$$P_B = \frac{200}{100 + 200} \times 90 = \frac{2}{3} \times 90 = 60 \text{〔MW〕}$$

【問題5】解答 2.

解説▶【負荷時タップ切替器】

　変圧器の負荷時タップ切替器は、変圧器のタップを負荷電流が流れている状態で切り替えできるようにしたもので、**並列区分リアクトル方式と単一回路抵抗方式**がある。並列区分リアクトル方式では、タップの切替時に生じるタップ間の短絡状態を限流リアクトルにより短絡電流を制限する。単一回路抵抗方式

では，タップの切替時に生じるタップ間の短絡状態を限流抵抗により短絡電流を制限する。負荷時タップ切替器は無効電力を**調整できない**。

【問題6】 解答 2.
解説▶【保護継電方式】
　回線選択継電方式は，送電線が2回線併用している場合の**主保護継電方式**として採用されている。

【問題7】 解答 3.
解説▶【変電所に施設する機器】
　接地開閉器は，修理や点検時に回路を開路したときに強制的に接地させ，回路の残留電荷や回路に発生する誘導電圧による事故を防止するために設けられるもので，短絡や地絡などの故障電流を**遮断することはできない**。

【問題8】 解答 4.
解説▶【変電所の母線電圧の調整】
　補償リアクトルは，22 kV～154 kV 程度の地中送電線路に供給する変圧器の中性点に設置される。地中送電線路は，対地静電容量による進相無効電力が大きいので，リアクトルによる**遅相無効電力**で進相無効電力を**補償**し，1線地絡時の保護継電器の動作を確実にするために用いられるものである。

【問題9】 解答 3.
解説▶【高圧避雷器】
　避雷器の主な定格は次のようになる。
- **避雷器の定格電圧**：その電圧を加えた状態で，単位動作責務を所定の回数反復遂行できる商用周波電圧の最高限度を定めた値である。
- **制限電圧**：避雷器の故障中，異常電圧が低減されて避雷器の端子に残る電圧である。
- **続流遮断能力**：異常電圧を大地に放電した後，**続流**（放電電流に続いて現れる商用周波の電流，機流ともいう）を遮断し，避雷器自身が何ら損傷することなく，元の状態に復帰すること。
- **単位動作責務**：所定周波数・電圧の電源に接続された避雷器が，雷または開閉サージにより放電し，所定の放電電流を流したのち続流を阻止または遮断し，原状に復帰する一連の動作をいう。

【問題1】 架空送電線の異常電圧に関する記述として，**不適当なもの**はどれか。
1. 変圧器の中性点の残留電圧により，消弧リアクトルのインダクタンスと対地静電容量の直列共振回路によって異常電圧が発生することがある。
2. 充電電流を遮断するときは，開閉異常電圧は発生しない。
3. 雷による異常電圧を防止するため，架空地線を設置する。
4. 逆フラッシオーバによる異常電圧を防止するため，鉄塔の塔脚接地抵抗を低くする。

【問題2】 架空送電線路におけるコロナ放電の抑制対策に関する記述として，**不適当なもの**はどれか。
1. がいし金具は突起物をなくし丸みをもたせる。
2. がいし装置に遮へい環を設ける。
3. 電線を単導体式にする。
4. 電線の外径を大きくする。

【問題3】 送電線の雷害防止に関する記述として，**不適当なもの**はどれか。
1. 鉄塔の接地抵抗が低いほど，逆フラッシオーバの発生率が少ない。
2. アークホーンは，フラッシオーバしたとき，がいしを保護する。
3. 架空地線の遮へい角を大きくすると，遮へい効率が大きくなる。
4. アーマロッドは，がいし装置でフラッシオーバしたとき，電線の素線切れを防止する。

【問題4】 送電線路の架空地線に関する記述として，**不適当なもの**はどれか。
1. 通信線への電磁誘導障害を軽減する効果はない。
2. 雷による誘導電圧を低減する効果がある。
3. 架空地線には，光ファイバ複合架空地線（OPGW）も使われている。
4. 直撃雷に対する遮へい効果は，1条よりも2条の方が大きい。

【問題5】 送電線の雷害対策に関する記述として，**不適当なもの**はどれか。
1. 架空地線は，鉄塔の頂部に設置され雷遮へい効果がある。
2. スペーサは，鉄塔電位上昇による逆フラッシオーバを防止する。
3. アークホーンは，フラッシオーバしたとき，がいしを保護する。
4. アーマロッドは，雷撃時のフラッシオーバによる電線の断線あるいは損傷を防止する効果がある。

【問題6】 架空送電線路のギャロッピングに関する記述として，**最も不適当なもの**はどれか。
1. 風で降雨がある場合に発生することが多い。
2. 単導体よりも多導体において発生しやすい。
3. 振幅が大きくなり，相間短絡を起こすことがある。
4. 防止対策として，プラスチック製のリングをはめる方法がある。

【問題7】 送電系統におけるフェランチ現象に関する記述として，**不適当なもの**はどれか。
1. 電線路のこう長が長いほど著しい。
2. 受電端電圧が送電端電圧より高くなる現象である。
3. 地中送電線路では発生しない。
4. 無負荷の電線路を充電したときに発生する恐れがある。

【問題8】 架空送電線路における電線の振動に関する次の文章に該当する用語として，**適当なもの**はどれか。
「電線の下面に水滴が付着していると，下面の表面電位の傾きが高くなり，荷電した水の微粒子が射出され，電線には水滴の射出の反力として上向きの力が働き振動する現象」
1. サブスパン振動
2. コロナ振動
3. ギャロッピング
4. スリートジャンプ

【問題9】 中性点非接地方式の高圧配電線に使用される保護継電器に関する記述として，**最も不適当なもの**はどれか。
1. 多回線の配電線の地絡保護には，地絡方向継電器と地絡過電圧継電器を組み合わせた方式がある。
2. 過電流継電器は，三相のうち二相の電流を検知して遮断器を動作させる。
3. 地絡過電圧継電器は，接地形計器用変圧器により線間電圧を検出して遮断器を動作させる。
4. 地絡方向継電器の検出する零相電流は，健全線と故障線では逆方向となる。

【問題1】解答 2.

解説▶【架空送電線の異常電圧】

　　真空遮断器など優れた遮断性能を持つ遮断器で，無負荷変圧器のように**遅れ小電流，充電電流を遮断**すると，電流裁断現象により高い**開閉過電圧が発生**しやすいことがあるので注意が必要となる。また，コンデンサなどの進み電流を遮断する場合には，**再点弧現象**が起こりやすいので注意が必要である。

【問題2】解答 3.

解説▶【コロナ放電の抑制対策】

　　コロナ放電の抑制対策には電線表面の電位傾度を小さくする必要がある。電線を**多導体式**にすると，見かけの電線半径が大きくなって電線表面の電位傾度が小さくなり，コロナ放電を予防できるようになる。

【問題3】解答 3.

解説▶【送電線の雷害防止】

　　架空地線の遮へい角 a は，**小さい**ほど遮へい率（電線以外の直撃回数と全直撃回数との比）は高くなる。また，架空地線は，1条より2条のほうが効果が大きくなる。

【問題4】解答 1.

解説▶【送電線路の架空地線】

　　架空地線には，雷撃の防止のほかに通信線への**電磁誘導障害**を軽減する効果もある。

【問題5】解答 2.

解説▶【送電線の雷害対策】

- 鉄塔の逆フラッシオーバを防止するためには，埋設地線や接地棒を塔脚に設置して，塔脚接地抵抗を**減少**させる。
- 逆フラッシオーバを防止するためには，架空地線のたるみは電線のたるみよりも小さくして，径間中央での絶縁間隔を**大きく**する。
- がいし連のフラッシオーバによるがいし破損を防止するためには，**アークホーン**等の防絡装置をがいし連の両端に取り付ける。
- 雷撃時のフラッシオーバによる断線あるいは損傷を防止するためには，電線サイズを**大きく**したり，**アーマロッド**を懸垂クランプ支持箇所の電線に取り付ける。

　　スペーサは，相間短絡を防止する為に使用する。

送配電設備（その1）

【問題6】解答 1.

解説▶【ギャロッピング】

　架空送電線路のギャロッピングは，電線の表面に**氷雪**が翼状に付着すると突風により電線に**浮揚力**が発生し，支持点間に振幅の大きい定在波が発生し電線を損傷させたり，振幅が大きいので相間短絡の危険が生じる。単導体よりも多導体において発生しやすく，電線断面積の大きい電線で発生する。防止対策として，送電線の相間に**スペーサ**を取り付ける方法がある。

【問題7】解答 3.

解説▶【フェランチ現象】

　架空送電線路や地中送電線路において，軽負荷や無負荷になると，送電線路に一様に分布している対地静電容量に流れる**充電電流**が大きくなっていく。対地静電容量は電線路のこう長が長いほど，また線路のインダクタンスが小さいほど効果が著しく，**地中送電線路**は架空送電線路よりも対地静電容量が大きいので架空送電線路よりも充電電流が大きくなる。この結果送電端よりも**受電端**のほうが電圧が高くなる**フェランチ現象**（効果）が生じるようになる。

【問題8】解答 2.

解説▶【電線の振動】

- サブスパン振動とは，多導体に固有のもので，素導体が空気力学的に不安定になるために起きる**自励振動**である。樹木の少ない平たん地や湖などの近くで発生しやすい。
- 電線に付着した氷雪がいっせいに脱落して，その反動により電線が上下方向に大きく振動することを**スリートジャンプ**という。

【問題9】解答 3.

解説▶【高圧配電線の保護継電器】

　地絡過電圧継電器は，接地形計器用変圧器により**零相電圧**を検出して遮断器を動作させる。配電線路の地絡故障には一般に，電源側に ZCT（零相変流器）を設置して地絡電流を検出し，OCG（地絡過電流継電器）などにより遮断器を動作させ，地絡による事故の拡大を防止している。しかし，わが国の高圧配電線では，高低圧混触時の低電圧線路の電圧上昇の低減と，地絡時の弱電流線路の電磁誘導障害防止のために，**中性点非接地方式**を採用している。そこで，接地用変圧器により零相電圧を検出して動作する地絡過電圧継電器（OVGR）と ZCT により検出される零相電流により動作する地絡方向継電器（DGR）を組み合わせて地絡事故検出の信頼性を向上させている。

【問題1】 電力系統の保護に関する記述として，**最も不適当なもの**はどれか。

1. 保護継電方式は，主保護継電方式と後備保護継電方式に分けられる。
2. 保護継電器は，その役割を果たすため事故区間判別の選択性と高速性が要求される。
3. 距離継電方式は，主に放射状系統を構成する送電線の保護に適用される。
4. 再閉路方式は，停電時間を短くするためのものであり，主に地中送電系統で使用される。

【問題2】 送電線の保護継電方式に関する記述として，**最も不適当なもの**はどれか。

1. 過電流継電方式は，大規模な構成の電力系統において時限協調をとる場合に，故障除去時間が長くなる。
2. 方向過電流継電方式は，事故区間の選択遮断に適している。
3. 反限時継電方式は，事故電流の大きさによる選択性を維持しながら事故の除去を行うことができる。
4. 定限時継電方式は，事故電流が小さいときに動作時間が不必要に伸びる。

【問題3】 地中配電線路において，図に示すマーレーループ法により求めた事故点までの距離 x〔km〕として，**正しいもの**はどれか。ただし，ケーブルの長さはともに3.0km，R_1 と R_2 の抵抗の比は2：1とする。

1. 0.5km
2. 1.0km
3. 1.5km
4. 2.0km

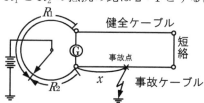

【問題4】 電力系統の局所的な故障の影響が，全系統に波及拡大するのを防ぐために設置された各種保護リレーの目的として，**不適当なもの**はどれか。

1. 脱調防止
2. 周波数低下防止
3. 過負荷防止
4. 瞬時電圧低下防止

【問題5】 架空送電線に用いられる保護継電器に関する次の文章に該当する用語として，**適当なもの**はどれか。

「故障点までの線路インピーダンスを測定し，それが保護範囲内のインピーダンスより小さいときに，遮断器に引外し指令を出す継電器」

1．距離継電器　　　　　2．差動継電器
3．過電流継電器　　　　4．位相比較継電器

【問題6】 中性点接続方式の特徴に関する記述として，**不適当なもの**はどれか。
1．直接接地方式は，地絡事故の検出が容易である。
2．非接地方式は，１線地絡時の健全相の対地電位上昇が小さい。
3．消弧リアクトル接地方式は，１線地絡時の通信線への誘導障害が小さい。
4．抵抗接地方式は，中性点に抵抗を挿入して地絡電流を抑制する。

【問題7】 中性点接地方式に関する記述として，**最も不適当なもの**はどれか。
1．直接接地方式は，地絡電流が大きいため，通信線に対する電磁誘導障害が大きくなる。
2．抵抗接地方式は，健全相の対地電圧を抑制できるため，絶縁レベルの低減が図れる。
3．消弧リアクトル接地方式は，１線地絡時に対地充電電流を消弧リアクトル電流で打ち消し，停電及び異常電圧の発生を防止する。
4．非接地方式は，こう長の短い 33 kV 以下の系統に適用される。

【問題8】 送電線のパイロット継電方式に関する記述として，**不適当なもの**はどれか。
1．表示線継電方式とは，送電線の保護区間の両端間に表示線を設けて，相互に伝送し，一致した判定に基づき動作させる方式である。
2．表示線継電方式には，交流を流す方式と接点状況を直流で伝える方式がある。
3．搬送継電方式とは，送電線の保護区間の両端の状態を，超長波信号を用いて相互に伝送する方式である。
4．搬送継電方式には，方向比較継電方式，位相比較継電方式，電流差動継電方式及び転送遮断方式がある。

【問題9】 架空送電線路の保守，点検に関する記述として，**最も不適当なもの**はどれか。
1．電線路付近の工作物や樹木との交差接近状況は，定期的に巡視して調査する。
2．支持物の金具連結部や電線把持部に腐食や磨耗の発生がないか点検する。
3．ギャップ式の検出器は，活線状態で負担電圧を調べることにより，不良がいしの検出に使用される。
4．パイロットがいしは，磁器の吸湿性を検査するために使用される。

【問題1】解答 4.

解説▶【電力系統の保護】

　再閉路方式は、**停電時間を短くする**ためのものであり、主に**架空送電系統**で使用される。架空送電線路の雷などによるフラッシオーバは、いったん遮断器を開放することによって絶縁が再び回復するので再び遮断器を投入すれば再送電が可能になる。これを再閉路方式という。**地中送電線路**では絶縁破壊事故がほとんどであり、そのまま再閉路すると事故をさらに拡大させることに成りかねないので採用されない。

- 再閉路までの時間により、高速度再閉路、中速度再閉路及び低速度再閉路に分類される。
- 再閉路方式の選定には、遮断器の性能や保護方式の故障検出性能との協調が重要である。
- 多相再閉路方式は、平行2回線送電線の故障時に、少なくとも二相が健全な場合、故障相のみを選択遮断し再閉路する方式である。

【問題2】解答 4.

解説▶【送電線の保護継電方式】

　定限時継電方式は、事故電流の大きさによらず、その動作時間は限時継電器の整定によって定められる**一定値**となるので、事故電流が小さいときでも動作時間が不必要に伸びるのを防ぐことができる。

【問題3】解答 4.

解説▶【マーレーループ法】

　ケーブルの1km当たりの抵抗を r〔Ω/km〕とすると、ブリッジの平衡条件により次式が成立する。

$$R_1 \times xr = R_2 \times (3+3-x)\ r = R_2\ (6-x)\ r$$
$$\therefore R_1\ x = R_2\ (6-x) = 6R_2 - xR_2$$
$$\therefore (R_1 + R_2)\ x = 6R_2$$

題意より、$R_1 = 2R_2$ の関係を上式にすれば次のようになる。

$$(R_1 + R_2)\ x = (2R_2 + R_2)\ x = 3R_2 x = 6R_2$$
$$\therefore x = 2\ 〔km〕$$

【問題4】解答 4.

解説▶【保護リレーの目的】

　電圧低下により電力系統の**安定運転**が困難となることもあるので、系統の電圧低下を検出して負荷を一部制限することにより、系統の電圧安定性の維持を図る保護対策を講じることもある。しかし、送電線への落雷などにより発生する**瞬時電圧低下**は、防ぎ得ない現象であり、需要家での対策が必要となる。

【問題5】解答 1.
解説▶【保護継電器】
- 距離継電器において，短距離送電線では送電線自体のインピーダンスよりも事故点の抵抗分がはるかに**大きく**なる場合があり，モー特性の継電器では距離測定誤差が大きくなる。
- 差動継電器は，被保護区間に出入する電流のベクトル差が**設定値以上**になったとき動作し，遮断器に引外し指令を出すものである。
- 過電流継電器は，**一定以上**の負荷電流または故障電流が流れた場合，遮断器に引外し指令を出すものである。
- 位相比較継電器は，内部故障時は保護区間両端の電流位相は**逆相**，平常時及び外部故障時は**同相**になる性質を利用し，内部故障と外部故障を判断する。

【問題6】解答 2.
解説▶【中性点接続方式の特徴】
　非接地方式は，高圧配電線路など比較的電圧の低い電路の接地方式で，地絡電流もあまり大きくないが，地絡時の健全相（地絡していない相）の電圧上昇は**大きくなる**。中性点を接地しないので，地絡電流の検出には二次側を開放△結線（**オープンデルタ**）とした接地変圧器を使用して零相電圧を検出することで行っている。

【問題7】解答 2.
解説▶【中性点接地方式】
　直接接地では，**絶縁レベル**を低下することができるが，抵抗接地方式は，直接接地に比べて絶縁レベルを**低下することができない**。抵抗接地方式には，**高抵抗接地**と**低抵抗接地**がある。高抵抗接地方式では抵抗値が大きくなると，地絡継電器の動作が困難になり，また健全相の対地電圧上昇が大きくなる。低抵抗接地方式では地絡電流が大きくなるため通信線への電磁誘導が大きくなるので高速に遮断する。

【問題8】解答 3.
解説▶【パイロット継電方式】
　搬送継電方式とは，送電線の保護区間の両端の状態を，**電力線搬送及びマイクロ波搬送**を用いて相互に伝送する方式である。

【問題9】解答 4.
解説▶【架空送電線路の保守，点検】
　がいしは定期的に洗浄しなければならない。がいしの**汚れ具合を監視**するためにパイロットがいしが設置される。

【問題1】 各電気事業者の系統を交流によって連系させることで生じる効果として，**最も不適当なもの**はどれか。
 1．供給信頼度の向上
 2．供給余力の活用
 3．電源立地地点の有効活用
 4．短絡電流値の低減

【問題2】 送電系統における放射状方式と比較した常時閉路ループ方式の利点に関する記述として，**最も不適当なもの**はどれか。
 1．電力全体の電力損失を軽減することができる。
 2．供給信頼度の向上を図ることができる。
 3．保護継電方式を簡素化することができる。
 4．潮流制御により送電容量の増加を図ることができる。

【問題3】 架空送電線路に使用される鋼心アルミより線（ACSR）を2種硬銅より線（PH）と比較した場合の特徴に関する記述として，**不適当なもの**はどれか。ただし，電線の単位長さ当たりの抵抗は同一とする。
 1．重量が軽い。
 2．コロナ放電が生じにくい。
 3．風圧荷重が大きい。
 4．引張強さが小さい。

【問題4】 架空電線における電線支持点間のたるみ（弛度）に関する記述として，**適当なもの**はどれか。ただし，電線支持点に高低差のない場合とし，電線の単位長さ当たりの重量と水平張力は一定とする。
 1．径間長に比例する。
 2．径間長に反比例する。
 3．径間長の2乗に比例する。
 4．径間長の2乗に反比例する。

【問題5】 架空送電線路における電線のたるみ（強度）に関する記述として，**不適当なもの**はどれか。
 1．たるみを小さくすると，電線には大きな張力が働く。
 2．たるみを大きくすると，電線相互や樹木などに接触して短絡や地絡事故を起こすおそれがある。
 3．たるみを大きくすると，微風振動が発生しやすくなる。

4．温度が高くなりたるみが大きくなると，電線の地表上の高さは低くなる。

【問題6】 地中ケーブルの充電電流や充電容量を算出するにあたり，**関係がないもの**はどれか。
1．ケーブルこう長
2．使用電圧
3．使用周波数
4．負荷電流

【問題7】 送電線路の線路定数に関する次の文章中，［　　　　］に当てはまる用語の組合せとして，**適当なもの**はどれか。
　「線路定数は，電線の種類，［　イ　］及び［　ロ　］により定まる。」

	イ	ロ
1．	電線の太さ	電線の配置
2．	電線の太さ	送電電流
3．	送電電圧	電線の配置
4．	送電電圧	送電電流

【問題8】 地中電線路に関する記述として，「電気設備の技術基準とその解釈」上，**不適当なもの**はどれか。
1．直接埋設式により施設した配電線が，車両その他の重量物の圧力を受けるおそれがあったので埋設深さを1.2mとした。
2．暗きょ式により施設したケーブルに，耐燃措置を施した。
3．需要場所に直接埋設式により施設した高圧地中電線路が20mの長さであったので，埋設表示シートを省略した。
4．需要場所に設置した地中箱のふたは，取扱者以外の者が容易にあけることができないように施設した。

【問題9】 架空線路の地上高さに関する記述として，「電気設備の技術基準とその解釈」上，**適当なもの**はどれか。
1．6.6kVの高圧架空電線を鉄道のレール面上5mで横断させた。
2．6.6kVの高圧架空電線を交通のはげしい道路上5.5mで横断させた。
3．100Vの低圧架空電線を農道上5mに施設した。
4．100Vの低圧架空電線を歩道上3.5mに施設した。

【問題1】解答 4.

解説▶【系統の交流連系】

　系統を連系すれば合成インピーダンスが小さくなり，電圧変動率や**安定度**は向上し，またお互いに電力を融通できる利点があるが，系統が並列接続されるため電力系統の**短絡容量が増加**するので遮断器の容量が増大化する欠点が生じる。

【問題2】解答 3.

解説▶【常時閉路ループ方式】

　ループ間の線路定数が不平衡であると，それに起因する**零相循環電流**が常時環流する場合がある。これにより地絡事故や断線事故時の地絡保護継電器の誤動作が発生するため，これを防止するための対策が必要となり，保護継電方式が**複雑化する**。

【問題3】解答 4.

解説▶【鋼心アルミより線】

　架空送電線路に使用される鋼心アルミより線（ACSR）を2種硬銅より線（PH）と比較した場合の特徴は，引張りに対する**機械的強度が大きい**が**導電率が小さい**のが欠点である。これは ACSR では張力を受け持つのが鋼心であるため機械的強度が大きく，導電率はアルミより銅のほうがよいためである。

【問題4】解答 3.

解説▶【弛度】

　電線の単位長さ当たりの質量 w〔kg/m〕，電線の径間 S〔m〕，電線の最低点における水平方向の張力 T〔N〕とすれば，同一水平面上にある二つの支持点でつくる電線のたるみ d〔m〕は次のように表すことができる。

$$d = \frac{9.8wS^2}{8T} \text{〔m〕}$$

これより**たるみ** d〔m〕は，径間長 S〔m〕の**2乗**に比例する。

【問題5】解答 3.

解説▶【微風振動とたるみ】

　微風振動はたるみを大きくすると**発生しにくくなる**。微風振動が発生しやすい条件は次のようなものがある。

- 電線が軽いほど発生しやすい。
- 径間が長いほど発生しやすい。
- 硬銅より線よりも「鋼心アルミより線」に発生しやすい。
- 早朝や日没時に発生しやすい。

・周囲に山や林のない平坦地で発生しやすい。

【問題6】解答 4.

解説▶【地中ケーブルの充電容量】

使用電圧の線間値 V〔V〕，使用周波数 f〔Hz〕，ケーブルのこう長 l〔km〕，ケーブルの単位長さ当たりの静電容量 c〔F/km〕とすると，ケーブルの1相当たりの等価回路より対地充電電流 I_C〔A〕と対地充電容量 Q_C〔var〕は次のようになる。

$$I_C = \frac{V/\sqrt{3}}{1/2\pi fcl} = \frac{2\pi fclV}{\sqrt{3}} \text{〔A〕}$$

$$Q_C = 3I_C \times \frac{V}{\sqrt{3}} = 3 \times \frac{2\pi fclV}{\sqrt{3}} \times \frac{V}{\sqrt{3}} = 2\pi fclV^2 \text{〔var〕}$$

これより，関係ないものは**負荷電流**である。

【問題7】解答 1.

解説▶【送電線路の線路定数】

線路定数は，電線の種類，**電線の太さ**及び**電線の配置**により定まる。線路定数とは，電線路の**抵抗，インダクタンス，静電容量**及び**漏れコンダクタンス**をいう。

【問題8】解答 3.

解説▶【地中電線の施設】

「電気設備の技術基準とその解釈」第120条第2項第二号及び第4項第三号に，高圧又は特別高圧の地中電線路を第2項又は第4項本文の規定により施設する場合は，需要場所に施設する高圧地中電線路にあって，その長さが **15 m 以下**の場合を除き，おおむね **2 m** の間隔で物件の名称，管理者名及び電圧を表示することになっている。問題では需要場所に直接埋設式により施設した高圧地中電線路が 20 m の長さであったので，**埋設表示シートを省略できない**。

【問題9】解答 3.

解説▶【架空線路の地上高さ】

「電気設備の技術基準とその解釈」第68条の規定によれば次のようになる。

・6.6 kV の高圧架空電線を鉄道のレール面上 **5.5 m** で施設する。
・6.6 kV の高圧架空電線を交通のはげしい道路上 **6 m** で施設する。
・100 V の低圧架空電線を農道上 **5 m** で施設する。
・100 V の低圧架空電線を歩道上 **4 m** で施設する。

【問題1】 高圧配電系統の保護に関する記述として，**最も不適当なもの**はどれか。
1. 高低圧混触による危険防止のため，柱上変圧器の二次側にB種接地工事を施す。
2. 高圧配電線路の短絡事故から保護するため，柱上変圧器の一次側には高圧カットアウトを施設する。
3. 地路保護のため，配電用変電所に地絡方向継電器を施設する。
4. 雷による事故からの保護のため，変電所の架空配電線路の引込口及び引出口に避雷器を施設する。

【問題2】 配電系統における高調波に関する記述として，**不適当なもの**はどれか。
1. 電力用コンデンサは，高調波による障害を受けやすい機器である。
2. 高調波成分は，第3，第5，第7といった低次の奇数次のものが多い。
3. 供給設備側における低減対策として，系統短絡容量を減少させる。
4. 発生源側における低減対策として，高調波発生機器にフィルタを設ける。

【問題3】 高圧架空配電線路に関する記述として，**不適当なもの**はどれか。
1. 引留め部分の支持用として，高圧ピンがいしを使用した。
2. 高圧絶縁電線として，ポリエチレン電線（OE）を使用した。
3. 線路用開閉器として，屋外用の高圧交流気中負荷開閉器を使用した。
4. 柱上変圧器の一次開閉器として，高圧カットアウトを使用した。

【問題4】 配電系統の電圧調整に関する次の文章中，□□□に当てはまる語句の組合せとして，**適当なもの**はどれか。
　　「 イ は高圧配電線の途中に施設し，負荷電流の変動に応じて自動的に ロ を選択することにより，適正な送出電圧を得ることのできる機器である。」

	イ	ロ
1.	分路リアクトル	直列抵抗
2.	分路リアクトル	タップ
3.	高圧自動電圧調整器	直列抵抗
4.	高圧自動電圧調整器	タップ

【問題5】 配電線路に三相80 kW，遅れ力率80 % の負荷があるとき，負荷と並列に電力用コンデンサを接続して線路損失を最小とするのに必要な

コンデンサ容量〔kvar〕として，**正しいもの**はどれか。

1．20 kvar
2．30 kvar
3．40 kvar
4．60 kvar

【問題6】 次の図に示す1線当たりの静電容量 C〔F〕，線間電圧 V〔V〕の三相3線式配電線（非接地）の1線地絡電流 I_g〔A〕を表す簡易式として，**正しいもの**はどれか。ただし，ω は角周波数とする。

1．$I_g = \dfrac{V}{3\,\omega C}$〔A〕

2．$I_g = \dfrac{V}{\sqrt{3}\,\omega C}$〔A〕

3．$I_g = \sqrt{3}\,\omega CV$〔A〕

4．$I_g = 3\,\omega CV$〔A〕

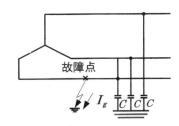

【問題7】 図に示す高低圧架空配電線路の，引留柱における支線に必要な許容引張強度 T〔N〕の値として，**正しいもの**はどれか。ただし，支線は一条とし，安全率は1.5 とする。

1．$190\sqrt{5}$ N
2．$285\sqrt{5}$ N
3．$380\sqrt{5}$ N
4．$570\sqrt{5}$ N

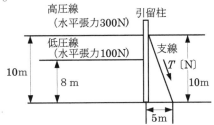

【問題8】 線間電圧 V〔V〕の三相3線式送配電線路において，三相平衡負荷に定格電流 I〔A〕を流したときの線路の％インピーダンス $\%Z$〔％〕を求める式として，**正しいもの**はどれか。ただし，Z：一線当たりの線路のインピーダンス〔Ω〕

1．$\%Z = \sqrt{3} \times Z \times \dfrac{I}{V} \times 100$〔％〕

2．$\%Z = 3 \times Z \times \dfrac{I}{V} \times 100$〔％〕

3．$\%Z = \sqrt{3} \times Z \times \dfrac{I^2}{V} \times 100$〔％〕

4．$\%Z = 3 \times Z \times \dfrac{I^2}{V} \times 100$〔％〕

【問題1】 解答 2.

解説▶【高圧配電系統の保護】

　　高圧配電線路への**波及事故を防止**するために，柱上変圧器の一次側には高圧カットアウトを施設する。高圧カットアウトは，変圧器の一次側の開閉器として使用されるとともに，内蔵する高圧ヒューズによって過負荷あるいは内部短絡故障の際に自動的に高圧配電線から切り離す機能を持つものである。

【問題2】 解答 3.

解説▶【配電系統の高調波】

　　配電系統における高調波の発生源の一つとして**交直変換装置**が挙げられる。コンデンサのリアクタンス $1/\omega C$ は**周波数に反比例**するので，コンデンサに高調波成分が流れ込むと高調波成分に対するリアクタンスが小さくなって，コンデンサに大きな電流が流れるようになり，コンデンサを加熱する原因となる。高調波の発生を少なくするには，サイリスタなどの変換器を多重接続する方法や制御角を小さくするなどの方法がある。供給設備側における低減対策としては，系統短絡容量の**増加**がある。

【問題3】 解答 1.

解説▶【高圧耐張がいし】

　　引留め部分の支持用として，**高圧耐張がいし**を使用する。

【問題4】 解答 4.

解説▶【配電系統の電圧調整】

　　高圧自動電圧調整器は高圧配電線の途中に施設し，負荷電流の変動に応じて自動的に**タップ**を選択することにより，適正な送出電圧を得ることのできる機器である。

【問題5】 解答 4.

解説▶【コンデンサ容量】

　　線路損失を最小にするためには負荷の力率を 100 ％ にして線路を流れる電流を**最小**にすればよい。負荷の無効電力 Q 〔kvar〕は，

$$Q = \frac{80}{0.8} \times \sqrt{1-0.8^2} = 100 \times 0.6 = 60 \ \text{〔kvar〕}$$

となるので，100 ％ にするために必要なコンデンサ容量は 60 kvar である。

【問題6】 解答 3.

解説▶【1 線地絡電流】

　　問題の図の等価回路より次のように計算できる。

$$I_g = \frac{V/\sqrt{3}}{1/\omega(C+C+C)} = \frac{3\omega CV}{\sqrt{3}} = \sqrt{3}\omega CV \text{ (A)}$$

【問題7】解答 4.
解説▶【支線に必要な許容引張強度】

　問題の図より，支線に加わる引張強度を t〔N〕，高圧線の水平張力を X〔N〕，低圧線の水平張力を Y〔N〕，高圧線の取付高さを H〔m〕，低圧線の取付高さを h〔m〕，支線の根開きを d〔m〕，支線の取付高さを L〔m〕とすると，水平方向の力のつりあいは次のようになる。

$$XH + Yh = tL\sin\theta$$

$$\therefore t = \frac{XH + Yh}{L\sin\theta} \text{ (N)}$$

ここで，

$$\sin\theta = \frac{d}{\sqrt{L^2 + d^2}}$$

なので，

$$\therefore t = \frac{XH + Yh}{L\sin\theta} = \frac{(XH+Yh)\sqrt{L^2+d^2}}{Ld} \text{ (N)}$$

となる。上式に代意の数値を代入すれば次のように計算できる。

$$t = \frac{(300\times10 + 100\times8)\sqrt{10^2+5^2}}{10\times5} = \frac{3,800\sqrt{125}}{50} = \frac{3,800\times5\sqrt{5}}{50} = 380\sqrt{5}\text{(N)}$$

支線の安全率が 1.5 なので必要な許容引張強度 T〔N〕は次のようになる。

$$T = 1.5\,t = 1.5 \times 380\sqrt{5} = 570\sqrt{5} \text{ (N)}$$

【問題8】解答 1.
解説▶【線路の％インピーダンス】

　一線当たりの線路のインピーダンスを Z〔Ω〕，定格電流を I〔A〕，相電圧を $V/\sqrt{3}$〔V〕とすると，％インピーダンス（％Z）とは定格電流の流れているときのインピーダンス降下 IZ と相電圧 $V/\sqrt{3}$〔V〕との比を百分率で表したものをいう。

$$\%Z = \frac{IZ}{V/\sqrt{3}} \times 100 = \frac{\sqrt{3}IZ}{V} \times 100 = \sqrt{3} \times Z \times \frac{I}{V} \times 100 \text{ (\%)}$$

合格への目安 9問中6問以上正解できること。目標時間25分。

【問題1】人が容易に触れるおそれがある場所に施設する電動機の電路に関する記述のうち，漏電遮断器を設置しなければならないものとして，「電気設備の技術基準とその解釈」上，**適当なもの**はどれか。
1. 乾燥した場所に施設する三相400Vの電動機の電路。
2. 水気のある場所に施設する単相200Vの電動機の電路。
3. C種接地工事の接地抵抗地が3Ω以下である三相400Vの電動機の電路。
4. D種接地工事の接地抵抗地が3Ω以下である三相200Vの電動機の電路。

【問題2】人が容易に触れるおそれのある場所の低圧屋内配線において，地絡遮断装置等を省略できない場合として，「電気設備の技術基準とその解釈」上，**適当なもの**はどれか。
1. D種接地工事の接地抵抗値が3Ωである三相200Vの機械器具に電気を供給する電路。
2. 水気のある場所以外に施設した対地電圧が100Vの機械器具に電気を供給する電路。
3. 変電所内に施設した三相400Vの機械器具に電気を供給する電路。
4. 乾燥した室内に施設した平形保護層内の電線に電気を供給する電路。

【問題3】1種金属線ぴ工事による低圧屋内配線に関する記述として，「電気設備の技術基準とその解釈」上，**不適当なもの**はどれか。
1. 線ぴを，点検できない隠ぺい場所に施設した。
2. 線ぴの長さが3mであったので，D種接地工事は省略した。
3. 電線には，ビニル電線（IV）を使用した。
4. 電線の分岐接続をボックス内で行った。

【問題4】A種接地工事を施すものとして，「電気設備の技術基準とその解釈」上，**不適当なもの**はどれか。
1. 特別高圧計器変成器の二次側電路。
2. 特別高圧電路と低圧電路を結合する変圧器の低圧側の中性点。
3. 屋内で人が容易に触れるおそれのある高圧ケーブルを収める金属管。
4. 高圧架空電線路から供給を受ける需要家の引込口に施設した避雷器。

【問題5】D種接地工事を施すものとして，「電気設備の技術基準とその解釈」上，**誤っているもの**はどれか。
1. 交流対地電圧200Vの動力配線のビニル絶縁電線（IV）を収める長さが5mの2種金属製線ぴ。

2．交流対地電圧200Vのトンネル内ケーブル配線の防護に使用する長さが5mの金属管。

3．プール用水中照明灯を収める容器の金属製部分。

4．交流対地電圧200Vの厨房に設ける合成樹脂管工事に使用する金属製のプルボックス。

【問題6】 高圧受電設備に設ける変圧器の高圧側電路の1線地絡電流が6Aである時，変圧器のB種接地工事の接地抵抗の最大値として，「電気設備の技術基準とその解釈」上，**正しいもの**はどれか。ただし，高圧側の電路と低圧側の電路との混触時，高圧電路には3秒で自動的に遮断する装置が施設されているものとする。

1．10Ω　　　2．25Ω
3．50Ω　　　4．100Ω

【問題7】 フロアヒーティングの計画に関する記述として，「電気設備の技術基準とその解釈」上，**不適当なもの**はどれか。

1．造営材に固定された電熱ボードは，対地電圧を200Vとした。

2．発熱線に直接接続する電線には，架橋ポリエチレン絶縁ビニルシースケーブル（CV）を使用した。

3．発熱線に電気を供給する電路は，対地電圧を200Vとした。

4．使用電圧が200Vであったので，発熱線に直接接続する電線の被覆に使用する金属体の接地は，D種接地工事とした。

【問題8】 交流高圧電路の絶縁耐力試験に関する次の文章中，[　　]に当てはまる語句の組合せとして，「電気設備の技術基準とその解釈」上，**適当なもの**はどれか。

「最大使用電圧の[　イ　]の交流試験電圧を，電路と大地との間に連続して[　ロ　]加えて絶縁耐力を試験したとき，これに耐えること。」

	イ	ロ		イ	ロ
1．	1.1倍	1分間	2．	1.1倍	10分間
3．	1.5倍	1分間	4．	1.5倍	10分間

【問題9】 接地に関する次の文章中，[　　]に当てはまる語句として，「電気設備の技術基準とその解釈」上，**定められているもの**はどれか。

「大地との間の電気抵抗値が[　　]以下の値を保っている建物の鉄骨その他の金属体は，これを非接地式高圧電路に施設する機械器具等に施すA種接地工事の接地極に使用することができる。」

1．1Ω　　　2．2Ω
3．3Ω　　　4．5Ω

【問題1】解答 2.

解説▶【地絡遮断装置等の施設】

「電気設備の技術基準とその解釈（以降解釈）」第36条「地絡遮断装置の施設」に次のように規定されている。

第36条 金属製外箱を有する使用電圧が60Vを超える低圧の機械器具に接続する電路には，電路に地絡を生じたときに自動的に電路を遮断する装置を施設すること。ただし，次の各号のいずれかに該当する場合は，この限りでない。

一　機械器具に簡易接触防護措置（金属製のものであって，防護措置を施す機械器具と電気的に接続するおそれがあるもので防護する方法を除く。）を施す場合

二　機械器具を次のいずれかの場所に施設する場合

　　イ　発電所，蓄電所又は**変電所**，開閉所若しくはこれらに準ずる場所

　　ロ　乾燥した場所

　　ハ　機械器具の対地電圧が**150V以下**の場合においては，水気のある場所以外の場所

三　機械器具が，次のいずれかに該当するものである場合

　　イ　電気用品安全法の適用を受ける**2重絶縁**構造のもの

　　ロ　ゴム，合成樹脂その他の絶縁物で被覆したもの

　　ハ　誘導電動機の2次側電路に接続されるもの　　　　（略）

四　機械器具に施されたC種接地工事又はD種接地工事の接地抵抗値が3Ω以下の場合

五　電路の系統電源側に絶縁変圧器（機械器具側の線間電圧が300V以下のものに限る。）を施設するとともに，当該絶縁変圧器の機械器具側の電路を非接地とする場合

六　機械器具内に電気用品安全法の適用を受ける漏電遮断器を取り付け，かつ，電源引出部が損傷を受けるおそれがないように施設する場合

七　機械器具を太陽電池モジュールに接続する直流電路に施設し，かつ，当該電路が次に適合する場合

　　イ　直流電路は，非接地であること。

　　ロ　直流電路に接続する逆変換装置の交流側に絶縁変圧器を施設すること。

　　ハ　直流電路の対地電圧は，450V以下であること。

八　電路が，管灯回路である場合

　以上により，対地電圧が150Vを超える機械器具を水気のある場所に施設する場合は除かれる。

【問題2】解答 4.

解説▶【地絡遮断装置等を省略できない場合】

第165条第4項「平形保護層工事」に次のように規定されている。
- 電線に電気を供給する電路には，電路に地絡を生じたときに自動的に電路を遮断する装置を施設すること。

　問題の1～3は解釈第36条より省略できるが，平形保護層工事では省略できない。

【問題3】　解答 1.

解説▶【1種金属線ぴ工事】

　第156条，「低圧屋内配線の施設場所による工事の種類」に次のように規定されている。

第156条：第172条第1項及び第175条～第178条までに規定する場所以外の場所に施設する低圧屋内配線は，156-1表に規定する工事のいずれかにより施設すること。

156−1表

施設場所の区分		使用電圧の区分	工事の種類											
			がいし引き工事	合成樹脂管工事	金属管工事	金属可とう電線管工事	金属線ぴ工事	金属ダクト工事	バスダクト工事	ケーブル工事	フロアダクト工事	セルラダクト工事	ライティングダクト工事	平形保護層工事
展開した場所	乾燥した場所	300V 以下	○	○	○	○	○	○	○	○			○	
		300V 超過	○	○	○	○		○	○	○				
	湿気の多い場所又は水気のある場所	300V 以下	○	○	○	○				○				
		300V 超過	○	○	○	○				○				
点検できる隠ぺい場所	乾燥した場所	300V 以下	○	○	○	○	○	○	○	○		○	○	○
		300V 超過	○	○	○	○		○	○	○				
	湿気の多い場所又は水気のある場所	—	○	○	○	○				○				
点検できない隠ぺい場所	乾燥した場所	300V 以下		○	○	○				○	○	○		
		300V 超過		○	○	○				○				
	湿気の多い場所又は水気のある場所	—		○	○	○				○				

（備考）○は，使用できることを示す。

　156−1表より，**線ぴは点検できない隠ぺい場所**に施設できないことがわかる。

　　　　　　　　　　　　　　　— 77 —

第16回テスト | 解答と解説

【問題4】 解答 2.

解説▶【B種接地工事】

解釈第24条に次のように規定されている。

第24条：高圧電路又は特別高圧電路と低圧電路とを結合する変圧器には，次の各号により**B種接地工事**を施すこと。

一　次のいずれかの箇所に接地工事を施すこと。

イ　低圧側の中性点

ロ　低圧電路の使用電圧が300 V以下の場合において，接地工事を低圧側の中性点に施し難いときは，低圧側の1端子

ハ　低圧電路が非接地である場合においては，高圧巻線又は特別高圧巻線と低圧巻線との間に設けた金属製の混触防止板

【問題5】 解答 3.

解説▶【C種接地工事】

解釈第187条第1項第四号のイに「照明灯の容器の金属製部分には，C種接地工事を施すこと」と，規定されている。

【問題6】 解答 2.

解説▶【B種接地工事の接地抵抗】

解釈第17条第2項の17−1表にB種接地工事の接地抵抗値が規定されている。

17−1表

接地工事を施す変圧器の種類	当該変圧器の高圧側又は特別高圧側の電路と低圧側の電路との混触により，低圧電路の対地電圧が150Vを超えた場合に，自動的に高圧又は特別高圧の電路を遮断する装置を設ける場合の遮断時間	接地抵抗値（Ω）
下記以外の場合		$150 \,/\, Ig$
高圧又は35,000V以下の特別高圧の電路と低圧電路を結合するもの	1秒を超え2秒以下	$300 \,/\, Ig$
	1秒以下	$600 \,/\, Ig$

（備考）Igは，当該変圧器の高圧側又は特別高圧側の電路の1線地絡電流（単位：A）

高圧側の電路と低圧側の電路との混触時，高圧電路には**3秒**で自動的に遮断する装置が施設されているので，変圧器の高圧側電路の1線地絡電流のアンペア数6Aで150を除したものがB種接地工事の接地抵抗 R_B〔Ω〕の最大値となる。

$$R_B = \frac{150}{6} = 25 \ \Omega$$

【問題7】解答 1.
解説▶【フロアヒーティング】
　解釈第195条第3項において次のように規定されている。
　電熱ボード又は電熱シートを造営物の造営材に固定して施設する場合は，次の各号によること。
　一　電熱ボード又は電熱シートに電気を供給する電路の対地電圧は，**150 V 以下**であること。
（以下略）

【問題8】解答 4.
解説▶【高圧電路の絶縁耐力試験】
　解釈第15条の一号に「15−1表に規定する試験電圧を電路と大地の間（略）に連続して**10分間**加えたとき，これに耐える性能を有すること」と規定されている。

15−1表（抜粋）

電路の種類		試験電圧
最大使用電圧が7,000 V 以下の電路	交流の電路	最大使用電圧の**1.5 倍の交流電圧**
	直流の電路	最大使用電圧の 1.5 倍の直流電圧又は 1 倍の交流電圧

　また，電気設備に関する技術基準を定める省令の第2条に次のように規定してある。
第2条　電圧は，次の区分により低圧，高圧及び特別高圧の三種とする。
　一　低圧　直流にあっては**750 V 以下**，交流にあっては**600 V 以下**のもの
　二　高圧　直流にあっては750 V を，交流にあっては600 V を超え**7,000 V 以下**のもの
　三　特別高圧　**7,000 V を超えるもの**
　題意より高圧の試験であるので電圧は7,000 V 以下となり，15−1表の右欄より，「最大使用電圧の**1.5 倍の交流試験電圧**を，電路と大地との間に連続して**10分間**加えて絶縁耐力を試験したとき，これに耐えること」となる。

【問題9】解答 2.
解説▶【A種接地工事の接地極】
　解釈第18条第2項において次のように規定されている。
　大地との間の電気抵抗値が**2 Ω以下**の値を保っている建物の鉄骨その他の金属体は，これを非接地式高圧電路に施設する機械器具等に施すA種接地工事又は非接地式高圧電路と低圧電路を結合する変圧器に施すB種接地工事の接地極に使用することができる。

【問題1】 一般事務室における照明の設計に関する記述として，**不適当なもの**はどれか。

1. 作業面から光源までの高さが高いほど，室指数が大きくなる。
2. 反射率が大きいほど，照明率は大きくなる。
3. 室指数が大きいほど，照明率は大きくなる。
4. 下面開放器具は，下面カバー付器具と比較して保守率が大きい。

【問題2】 非常用の照明装置に関する記述として，「建築基準法」上，**誤っているもの**はどれか。

1. 白熱灯を用いる場合は，二重コイル電球又はハロゲン電球とする。
2. 自家用発電装置がない場合の予備電源の容量は，充電を行うことなく20分間継続して点灯できるものとする。
3. 高輝度放電灯を用いる場合は，即時点灯型の高圧水銀ランプとする。
4. LEDランプを用いる場合は，常温下で床面において水平面照度で2 lxを確保する。

【問題3】 避難口誘導灯を設置する箇所として，「消防法」上，**定められていないもの**はどれか。

1. 屋内から直接地上へ通ずる出入口
2. 直通階段の踊り場
3. 屋内から直接地上へ通ずる出入口に通ずる廊下に通ずる出入口
4. 直通階段の出入口に通ずる通路に通ずる出入口

【問題4】 防災設備の配線に関する記述として，**不適当なもの**はどれか。

1. 屋内消火栓設備の制御盤からポンプへの電源配線は，ビニル電線（IV）を使用し金属管工事とした。
2. 電池内蔵形の通路誘導灯への電源配線として，ビニルケーブル（VVF）を使用した。
3. スプリンクラー設備への電源配線として，耐火ケーブル（FP−C）を使用した。
4. 自動火災報知設備において，中継器と発信機との間の配線に，警報用ケーブル（AE）を使用した。

【問題5】 消防用設備等とその設備を有効に作動できる非常電源の容量に関して，「消防法」に規定されている組合せとして，**誤っているもの**はどれか。

構内電気設備（その２）

消防用設備等	非常電源の容量
1．スプリンクラー設備	30分間以上
2．非常コンセント設備	30分間以上
3．排煙設備	1時間以上
4．不活性ガス消火設備	1時間以上

【問題6】 自動火災報知設備に関する記述として，「消防法」上，**誤っている**ものはどれか。

1．GR型受信機及びR型受信機に接続する発信機は，P型1級発信機であること。
2．蓄積型感知器を設ける場合は，受信機は2信号式の機能を有するものであること。
3．非常電源が蓄電池設備の場合は，自動火災報知設備を有効に10分間作動できる容量以上であること。
4．蓄積型の感知器を用いる場合は，感知器，中継器及び受信機における蓄積時間の最大時間の合計時間が定められた時間を超えないこと。

【問題7】 自動火災報知設備に関する記述として，「消防法」上，**誤っている**ものはどれか。

1．定温式スポット型感知器を45度以上傾斜させないように取り付ける。
2．光電式スポット型煙感知器を換気口等の空気吹出し口から1.5 m以上離れた位置に設ける。
3．P型1級受信機には，P型1級発信機又はP型2級発信機どちらも接続して使用できる。
4．一の防火対象物に2台の受信機が設けられているときは，受信機のある場所相互間で同時に通話することのできる設備を設ける。

【問題8】 自動火災報知設備の配線に関する記述として，「消防法」上，**誤っているもの**はどれか。

1．感知器の信号回路は，容易に導通試験ができるように終端器を設けた。
2．感知器回路と大地の間の絶縁抵抗は，直流250 Vの絶縁抵抗計で計った値が50 MΩであったので使用した。
3．自動火災報知設備に使用する電線と非常コンセント設備の電線を同一の管路に通線した。
4．一の階の地区音響装置として使用されるスピーカーの配線が火災により短絡または断線した場合にあっても，他の階への火災の報知に支障のないように配線した。

【問題1】解答 1.

解説▶【照明の設計】

　　室指数は，部屋の間口を X，奥行きを Y，高さを Hとすると次のように定義される。

$$室指数 = \frac{XY}{H(X+Y)}$$

　　上式より作業面から光源までの高さが高いほど，室指数は**小さく**なる。また室指数が大きいほど，照明率は大きくなる。

【問題2】解答 2.

解説▶【非常用の照明装置】

　　建設省告示第1830号「非常用の照明装置の構造方法を定める件」の「**第三　電源**」において以下のとおり規定されている。

三　予備電源は，自動充電装置又は時限充電装置を有する蓄電池（中略）又は蓄電池と自家用発電装置を組み合わせたもの（中略）で充電を行うことなく**30分間**継続して非常用の照明装置を点灯させることができるものその他これに類するものによるものとし，その開閉器には非常用の照明装置用である旨を**表示**しなければならない。

【問題3】解答 2.

解説▶【避難口誘導灯】

　　消防法施行規則第28条の3　第3項第一号**イ〜ハ**において次のように規定されている。

一　避難口誘導灯は，次のイからニまでに掲げる避難口の上部又はその直近の避難上有効な箇所に設けること。
　　イ　屋内から直接地上へ通ずる**出入口**（以下省略）
　　ロ　直通階段の**出入口**（以下省略）
　　ハ　イ又はロに掲げる避難口に通ずる廊下又は通路に通ずる**出入口**（以下略）
　　以上により，直通階段の踊り場は定められていない。

【問題4】解答 1.

解説▶【防災設備の配線】

　　消防法施行規則第12条第1項第四号ホ（イ）において次のように規定されている。

ホ　配線は，電気工作物に係る法令の規定によるほか，他の回路による障害を受けることのないような措置を講じるとともに，次の（イ）から（ハ）までに定めるところによること。
　　（イ）　**600V二種ビニル絶縁電線**又はこれと同等以上の耐熱性を有する電

線を使用すること。（以下省略）

【問題 5】 解答 3.
解説▶【非常電源の容量】

　消防法施行規則第30条（排煙設備に関する基準の細目）第八号において次のように規定されている。

　「非常電源は，第12条第1項第四号の規定の例により設けること。」

　さらに消防法施行規則第12条第1項第四号ロ（イ）より，排煙設備の電源の容量は，

　「屋内消火栓設備を有効に**30分間**以上作動できるものであること。」

となっているので**30分間**以上作動できるものであることが必要である。

【問題 6】 解答 2.
解説▶【自動火災報知設備】

　消防法施行規則第24条第八号において次のように規定されている。

　「一の警戒区域に蓄積型の感知器又は蓄積式中継器を設ける場合は，受信機は，当該警戒区域において**2信号式**の機能を**有しないもの**であること。」

【問題 7】 解答 3.
解説▶【自動火災報知設備】

　消防法施行規則第24条第八号の二 ホにおいて次のように規定されている。

　「**P型1級受信機**，**GP型1級受信機**，**R型受信機**及び**GR型受信機**に接続するものは**P型1級発信機**とし，**P型2級受信機**及び**GP型2級受信機**に接続するものは**P型2級発信機**とすること。」

【問題 8】 解答 3.
解説▶【自動火災報知設備の配線】

　消防法施行規則第24条第一号ニにおいて次のように規定されている。

　「自動火災報知設備の配線に使用する電線とその他の電線とは同一の管，ダクト（絶縁効力のあるもので仕切った場合においては，その仕切られた部分は別個のダクトとみなす。）若しくは線ぴ又はプルボックス等の**中に設けないこと**。（以下略）」

合格への目安 | 9問中6問以上正解できること。目標時間25分。

【問題1】動力設備の省エネルギー対策に関する記述として，**最も不適当なもの**はどれか。

1. 変動しない負荷の電動機にインバータ制御を採用する。
2. 所要動力が大きい場合は，高い電圧を採用する。
3. 変動の大きい負荷の電動機は，分割して台数制御を採用する。
4. 負荷に見合った電動機容量の選定を行う。

【問題2】自家発電設備の耐震対策に関する記述として，**不適当なもの**はどれか。

1. 防振ゴムを用いた機器には，異常振動を防止するストッパを設けた。
2. 機器固定用のアンカーボルトの強度は，当該機器の据え付け部に生じる応力に十分耐えるものとした。
3. 振動性状の異なる機器と配管は，堅固に接続した。
4. 消音器には，振れ止めを施した。

【問題3】ディーゼル発電装置と比較したガスタービン発電装置の特徴に関する記述として，**不適当なもの**はどれか。

1. 使用燃料には液体燃料と気体燃料がある。
2. 機関本体の冷却水が不要である。
3. 振動が少ない。
4. 窒素酸化物（NOx）の発生が多い。

【問題4】非常用の自家発電設備の発電機出力を算定する場合に用いる項目として，**関係のないもの**はどれか。

1. 定常負荷出力係数
2. 許容電圧降下出力係数
3. 短時間過電流耐力出力係数
4. 許容回転数変動出力係数

【問題5】コージェネレーションシステムに関する記述として，**不適当なもの**はどれか。

1. 電主熱従運転とは，電力負荷変動に合わせて発電する運転方式である。
2. ピークカット運転とは，負荷電力のピーク負荷部分を対象に電力を供給する運転方式である。
3. 発電効率とは，発電出力を発電に要したエネルギーで除した値である。
4. 省エネルギー率とは，発電出力に回収した熱エネルギーの出力を加えた合

計を入力エネルギーで除した値である。

【問題6】 コージェネレーションシステムに関する記述として，**不適当なも**のはどれか。

1．系統連系方式とは，コージェネレーションシステムを商用電力系統と連系して運転することである。
2．総合エネルギー効率とは，排熱回収装置より回収した熱量を排熱回収装置への入力排熱量で除したものである。
3．熱電比とは，回収熱量と発電電力量の比率である。
4．ベース運転とは，ある期間の需要電力の基底負荷部分を対象に電力を供給する発電機の運転方式である。

【問題7】 鉛蓄電池と比べたアルカリ蓄電池の特徴に関する記述として，**不適当なもの**はどれか。

1．充放電による電解液比重の変化は少ない。
2．単電池（セル）の起電力が高い。
3．寿命が長い。
4．耐過放電特性が優れている。

【問題8】 据置鉛蓄電池に関する記述として，**不適当なものはどれか。**

1．放電すると，電解液の比重は上昇する。
2．温度が高いほど，自己放電は大きくなる。
3．温度が低いほど，取り出せる容量は小さくなる。
4．極板には，主としてペースト式とクラッド式が用いられる。

【問題9】 据置ニッケル・カドミウムアルカリ蓄電池に関する記述として，**不適当なもの**はどれか。

1．正極にニッケル酸化物，負極にカドミウムを用いる。
2．電解液に水酸化カリウムなどの水溶液を用いる。
3．電池の公称電圧は1.2Vである。
4．超高率放電特性の蓄電池の定格容量は，10時間率で表される。

【問題1】解答 1.

解説▶【省エネルギー対策】

　インバータ制御は，変動する負荷に対して電動機の回転数を変化させることにより効率的な運転を目指すものであるから，**変動しない負荷**の電動機にインバータ制御を採用するのは適当ではない。

【問題2】解答 3.

解説▶【自家発電設備の耐震対策】

　振動性状の異なる機器と配管は，**可とう性**を持たすことで，お互いの振動が他の機器に伝わらないようにする。

【問題3】解答 4.

解説▶【ガスタービン発電装置の特徴】

　ガスタービン発電方式は，圧縮機によって燃料燃焼の空気を吸入圧縮し，燃焼室において液体燃料や気体燃料を燃焼し，高温高圧となった燃焼ガスをタービンに送って蒸気タービンと同じ原理でタービンを回転させる。**窒素酸化物（NOx）の発生は少ない**。ガスタービン発電設備の特徴は他に次のようである。

• 構造が簡単であり，補機が少ない。

• 始動性がよく，負荷の急変に応じることができる。

• 運転操作が容易で，自動化がしやすい。

• 冷却水を基本的に必要としない。

• 熱効率が低い。

【問題4】解答 4.

解説▶【発電機出力の算定】

　非常用の自家発電設備の発電機出力を算定する場合に用いる項目として，定常負荷出力係数，許容電圧降下出力係数，短時間過電流耐力出力係数及び許容逆相電流出力係数の中から**最大**のものを求め発電機出力係数とする。**許容回転数変動出力係数**は，発電機の**原動機出力**の算出の際に使用するものである。

【問題5】解答 4.

解説▶【コージェネレーションシステム】

　省エネルギー率は，コージェネレーションを採用しない場合の使用エネルギーを Q_2，コージェネレーションを採用した場合の使用エネルギーを Q_1 とすると次のように表される。

$$省エネルギー率 = \frac{Q_2 - Q_1}{Q_2}$$

発電出力に回収した熱エネルギーの出力を加えた合計を入力エネルギーで除

した値は**総合エネルギー効率**である。

【問題6】 解答 2.

解説▶【コージェネレーションシステム】

　排熱回収装置より回収した熱量を排熱回収装置への入力排熱量で除したもの
は**排熱回収効率**である。発電出力に回収した熱エネルギーの出力を加えた合計
を入力エネルギーで除した値は総合エネルギー効率であるが具体的に示すと次
のようになる。

総合エネルギー効率＝

$$\frac{年間発電電力量 - 年間発電機補機消費電力量 + 年間有効回収電力量}{年間燃料消費量}$$

【問題7】 解答 2.

解説▶【アルカリ蓄電池の特徴】

　アルカリ蓄電池は電解液にアルカリ溶液を用いる**ニッケルカドミウム電池**が
代表的なものである。陽極板の作用物質は水酸化ニッケル，陰極板の作用物質
はカドミウム，電解質は水酸化カリウムとなる。ニッケルカドミウム電池の特
徴は，他に次のようになる。

- 貯蔵が容易で，自己放電が少なく，**サルフェーション**の現象がない。
- 寿命が長く，低温特性は，鉛蓄電池より良い。
- 1個の公称電圧が**1.2 V**で鉛蓄電池に比べて小さい。
- 重負荷放電特性が優れている。
- 小形密閉化が容易である。
- 堅ろうで取扱いが簡単である。

【問題8】 解答 1.

解説▶【据置鉛蓄電池】

　鉛蓄電池は，大容量用として一番用いられている二次電池で，両電極に鉛及
び鉛の化合物を使用し，電解液として硫酸水溶液 H_2SO_4 が用いられる。硫酸
水溶液の濃度は，充電状態で 1.28，放電状態で 1.14 程度で，温度が上がる
と溶液の導電性は良くなる。電池1槽の充電終了時の起電力は**約2.1〔V〕**で，
電解液の比重は，**放電**するとともに**小さく**なっていく。鉛蓄電池を放電状態で
長い間放置すると，陽極及び陰極に硫酸鉛の結晶が生じ，**サルフェーション**と
いう現象が生じる。

【問題9】 解答 4.

解説▶【超高率放電特性】

　超高率放電特性の蓄電池の定格容量は，**1時間率**で表される。

【問題1】 光ファイバケーブルに関する記述として，**不適当なもの**はどれか。

1. 光ファイバケーブルは，電磁誘導障害を受けない。
2. 光ファイバケーブルの施設に当たっては，曲率半径，側圧，施設張力等を考慮する。
3. 光ファイバケーブルのシングルモードファイバは，マルチモードファイバと比べて伝送帯域が狭い。
4. 光ファイバケーブルの接続方法には，着脱可能なコネクタ接続がある。

【問題2】 通信設備における情報配線に関する記述として，**不適当なもの**はどれか。

1. 光ファイバケーブルのマルチモードファイバは，シングルモードファイバに比べ長距離伝送が可能である。
2. 非シールドツイストペアケーブル（UTP）は，光ファイバケーブルと比べ伝送損失が大きい。
3. 非シールドツイストペアケーブル（UTP）のカテゴリは，数値の大きい方が芯線の撚りが強く高速伝送が可能となる。
4. 光ファイバケーブルの接続損失の原因として，軸ずれや軸の折れ曲がり等がある。

【問題3】 LAN設備に用いられるアクセス方式のうち，データの衝突を検出した場合にデータを再送出する方式のものとして，**適当なもの**はどれか。

1. CSMA/CD方式
2. TDMA方式
3. トークンパッシング方式
4. 回線交換方式

【問題4】 キュービクル式高圧受電設備に関する記述として，「日本産業規格（JIS）」上，**不適当なもの**はどれか。

1. PF・S形の主遮断装置に高圧充電露出部がある場合は，前面に透明な隔壁を設ける。
2. CB形では，保守点検時の安全を確保するため，主遮断器の電源側に断路器を設ける。
3. PF・S形の主遮断装置の電源側は，短絡接地器具などで確実に接地できるものとする。
4. CB形で避雷器を取り付ける場合は，主遮断器の直後から分岐する。

【問題5】 キュービクル式高圧受電設備に関する記述として，「日本産業規格（JIS）」上，**もっとも不適当なもの**はどれか。

1．主遮断装置として限流ヒューズ付高圧交流負荷開閉器を使用する場合は，ストライカによる引外し方式とする。
2．高圧進相コンデンサは，限流ヒューズで保護する。
3．高圧回路は，高圧用絶縁電線を使用し，三相を一括で固定する。
4．B種接地工事の接地端子は，金属箱と絶縁し，他の接地端子と取外しできる導体で連結できる構造とする。

【問題6】 一般の建築物に設ける避雷設備に関する記述として，「日本産業規格（JIS）」上，**不適当なもの**はどれか。
1．水平投影面積が $25\,\mathrm{m}^2$ である建築物の引下げ導線の本数を1条とした。
2．受電部として断面積 $22\,\mathrm{mm}^2$ の硬銅より線を使用した。
3．板状接地板は $600\,\mathrm{mm} \times 600\,\mathrm{mm} \times 1.5\,\mathrm{mm}$ の銅板を使用した。
4．接地板を地下 $0.5\,\mathrm{m}$ の深さに埋設した。

【問題7】 建築物等の雷保護に関する記述として，「日本産業規格（JIS）」上，**不適当なもの**はどれか。
1．地中に埋設する導線として，アルミニウム導線を使用した。
2．引下げ導線として，$30\,\mathrm{mm}^2$ の銅線を使用した。
3．板状接地極は，表面積が片面 $0.35\,\mathrm{m}^2$ 以上とした。
4．環状接地極は，引下げ導線に接続した。

【問題8】 構内交換設備における局線応答方式のうち，ダイレクトインダイヤル方式の記述として，**適当なもの**はどれか。
1．内線電話機ごとにダイヤルイン番号を付与しておき，外線より特定の内線電話機に直接着信させることのできる方式。
2．局線からの着信呼を局線表示盤などに表示し，指定された内線電話機により応答し，他の内線電話機に転送する方式。
3．加入者の局線番号をダイヤルした後，さらに内線番号をダイヤルすることにより直接内線電話機を呼び出せる方式。
4．複数の交換機を専用線などで結び，中継台を兼用することにより集中して交換業務ができる方式。

【問題9】 拡声設備に関する記述として，**不適当なもの**はどれか。
1．3線式配線ではアッテネータを OFF にしても，強制放送が可能である。
2．非常放送に用いるスピーカの配線は耐熱配線とする。
3．コーン型スピーカは音質を重視する場合で，屋内に使用されることが多い。
4．増幅器の出力が大きくなると出力インピーダンスは大きくなる。

第19回テスト 解答と解説

【問題1】解答 3.
解説 【光ファイバケーブル】
　　光ファイバケーブルのシングルモードファイバは，マルチモードファイバと比べて伝送帯域が**広い**。光ファイバは，光の伝搬するモードの数によって「**マルチモード**」と「**シングルモード**」の2種類に分類される。さらに，マルチモード光ファイバは，コアの屈折率分布によって，「ステップインデックス」と「グレーデッドインデックス」に分類される。シングルモード光ファイバは，零分散波長により，「汎用シングルモード」と「分散シフト・シングルモード」，「非零分散シフト・シングルモード」に分類される。**シングルモードファイバ**は，マルチモードで見られるようなモードの違いによる伝搬信号の歪みは発生せず，極めて**広帯域**な特性を有する。

【問題2】解答 1.
解説 【光ファイバケーブル】
　　光ファイバケーブルのマルチモードファイバは，シングルモードファイバに比べ伝送損失が大きいため**長距離伝送が困難**である。

【問題3】解答 1.
解説 【アクセス方式】
　　CSMA/CD方式は回線上にデータがないことを確認してからデータを送信し，データの衝突を検出した場合にデータを再送出する。
　　TDMA方式，トークンパッシング方式及び回線交換方式ではデータの**衝突**は生じない。

【問題4】解答 4.
解説 【キュービクル式高圧受電設備】
　　CB形で避雷器を取り付ける場合は，**断路器の直後**から分岐する。

【問題5】解答 3.
解説 【キュービクル式高圧受電設備】
　　日本産業規格（JIS 4620）において高圧回路は，高圧用絶縁電線を使用し，三相を一括で固定するのではなく，**単独で固定**するように規定されている。

【問題6】解答 2.
解説 【避雷設備】
　　「日本産業規格（JIS）」において**保護レベルと使用できる材料**が次の表のように定められている。

保護レベル	材料	受電部 〔mm²〕	引下げ導線〔mm²〕	接地極〔mm²〕
Ⅰ～Ⅳ	銅	35	16	50
	アルミニウム	70	25	－
	鉄	50	50	80

同表より受電部として断面積 **35 mm²** 以上の硬銅より線を使用するようにする。

【問題7】解答 1.
解説▶【接地システム】

上表によりアルミニウムは接地極の接続用として使用できない。接地システムの接地極は，A型接地極とB型接地極の2つの形態に分類されている。接地極は，被保護物の外側に **0.5 m** 以上の深さに施設し，地中において相互の電気的結合の影響が最小となるように，できるだけ均等に配置しなければならない。

- **A型接地極**は，放射状接地極，垂直接地極または板状接地極から構成し，各引下げ導線に接続しなければならない。また，板状接地極は，表面積が片面 **0.35 m²** 以上と規定されている。
- **B型接地極**は，環状接地極，基礎接地極または網状接地極から構成し，各引下げ導線に接続しなければならないと規定されている。

【問題8】解答 3.
解説▶【局線応答方式】

- 内線電話機ごとにダイヤルイン番号を付与しておき，外線より特定の内線電話機に直接着信させることのできる方式は **ダイヤルイン方式**。
- 局線からの着信呼を局線表示盤などに表示し，指定された内線電話機により応答し，他の内線電話機に転送するのは **分散中継方式**。
- 加入者の局線番号をダイヤルした後，さらに内線番号をダイヤルすることにより直接内線電話機を呼び出せるのは **ダイレクトインダイヤル方式**。
- 複数の交換機を専用線などで結び，中継台を兼用することにより集中して交換業務ができるのは **局線中継台集中方式**。

【問題9】解答 4.
解説▶【拡声設備】

拡声器では **定電圧方式** を採用しているので，出力インピーダンスを表す式は次のようになる。

$$出力インピーダンス = \frac{(出力電圧)^2}{定格出力}$$

電圧が一定であれば，増幅器の出力が大きくなると出力インピーダンスは**小**さくなる。

【問題1】電車線路において，パンタグラフがカテナリちょう架式架線の区間を走行する場合，その集電性能を高める方法に関する記述として，**不適当なもの**はどれか。
1. 架線のばね定数の均一性を高める。
2. 架線の平均ばね定数を大きくする。
3. 架線とパンタグラフの等価質量の和を大きくする。
4. 架線の共振現象を防止するため，ハンガにダンパを取り付ける。

【問題2】電気鉄道におけるトロリ線の摩耗軽減対策に関する記述として，**不適当なもの**はどれか。
1. トロリ線のこう配変化を少なくする。
2. トロリ線の取付け金具を強化し重量化する。
3. 自動張力調整装置を設ける。
4. ダンパハンガを使用する。

【問題3】架空式電車線路のちょう架方式の特徴に関する記述として，**不適当なもの**はどれか。
1. 直接ちょう架式は，トロリ線を直接支持点で吊るすもので，市街鉄道等の低速運転区間に用いられる。
2. ツインシンプルカテナリ式は，シンプルカテナリ2組で構成され，高速運転区間や重負荷区間に用いられる。
3. コンパウンドカテナリ式は，ちょう架線とトロリ線の2条で構成され，中速運転区間に用いられる。
4. ヘビーコンパウンドカテナリ式は，コンパウンドカテナリの各線条の太さ及び張力を大きくした形式で，新幹線に用いられる。

【問題4】トロリ線相互の接続に使用する電車線材料として，**適当なもの**はどれか。
1. ハンガイヤー
2. ダブルイヤー
3. コネクタ
4. ドロッパ

【問題5】電車線に使用される自動張力調整装置に関する記述として，**不適当なものはどれか**。

1．トロリ線の温度変化による張力変動を自動的に調整する。
2．重力を利用した滑車式は，大滑車に電線を引留め，小滑車に重りを吊り下げる。
3．パンタグラフの円滑な集電を確保するため，トロリ線の張力を一定に保持する必要がある。
4．自動張力調整装置には，スプリングの弾性を利用したスプリング式もある。

【問題6】交流電化（単相交流 20 kV）と比較した直流電化（直流 1,500 V）の電車線設備に関する記述として，**最も不適当なものはどれか**。

1．電圧が低いので絶縁離隔が小さくてすむ。
2．電圧降下が小さいので変電所間隔が長い。
3．漏れ電流による電食について考慮する必要がある。
4．三相電源不平衡の問題を生じない。

【問題7】電気鉄道におけるき電システムに関する記述として，**不適当なものはどれか**。

1．直流き電方式は，シリコン整流器等で三相交流電力を直流電力に変換して，電気車に供給している。
2．直流き電方式は，回生電力を高圧配電負荷に有効利用する場合，サイリスタインバータを変電所に設備する。
3．単相交流き電方式は，単巻変圧器で三相交流電力を単相電力に変換して，電気車に供給している。
4．交流 BT き電方式は，吸上変圧器を設備して，通信誘導障害を軽減している。

【問題8】電気鉄道のき電回路において，電圧降下の軽減策を主目的とした記述として，**不適当なものはどれか**。

1．直流き電回路に，き電線を増設する。
2．直流き電回路の複線区間に，き電タイポストを設ける。
3．AT き電回路に，タップ切替えにサイリスタスイッチを用いる昇圧変圧器を設ける。
4．BT き電回路に，吸上変圧器（BT）を設ける。

【問題1】解答 3.

解説▶【集電性能】

　パンタグラフの集電性が悪く離線が生じると次のような障害が生じる。

- トロリ線の断線やパンタグラフのすり板溶損の危険がある。
- 無線雑音障害を生じるおそれがある。
- 集電電流が遮断するため，異常電圧を発生するおそれがある。

　集電性能を高めるためには，問題の1，2及び4の他**パンタグラフや架線の等価質量を小さくする**のが効果的である。

【問題2】解答 2.

解説▶【摩耗軽減対策】

　電気鉄道のトロリ線の電気的摩耗が最も多くなる箇所は，トロリ線の**こう配変化点**，トロリ線の**硬点箇所**及びトロリ線の**張力が不適正**な箇所などで，最も少ないのは，トロリ線の偏位が小さな箇所となる。トロリ線の摩耗対策は次のようになる。

- トロリ線のこう配とこう配変化を少なくする。
- パンタグラフのすり板の硬度をできるだけ小さくする。
- トロリ線の局部的な硬点を少なくする。このため金具を**軽量化**し，数を減少させる。又，ダンパハンガを使用する。
- 自動張力調整装置を設けて，トロリ線の張力を常に一定に保持する。

【問題3】解答 3.

解説▶【ちょう架方式の特徴】

　架空式電車線のちょう架方式には，次のような方式がある。

- 直接ちょう架式は，トロリ線を直接支持点で吊るすもので，離線が発生しやすいため，**低速運転区間**に用いられる。
- ツインシンプルカテナリ式は，**高速，重負荷用**に適している。
- コンパウンドカテナリ式は，ちょう架線からハンガによって補助ちょう架線を吊り下げたもので，速度性能に優れ，**高速運転区間**に用いられる。
- ヘビーコンパウンドカテナリ式は，高速運転時の架線振動及びパンタグラフの離線と上下動揺が少なく，**超高速運転区間**に用いられる。

【問題4】解答 2.

解説▶【トロリ線相互の接続】

　トロリ線相互の接続に使用するにはダブルイヤーが用いられる。

- ハンガイヤーは，トロリ線をちょう架線または補助ちょう架線に吊り下げるための材料で，ハンガバーとイヤーによって構成される。
- コネクタは，ちょう架線・トロリ線相互間に電位差が生じないようにした

り，補助ちょう架線やき電ちょう架線からトロリ線にき電電流を分岐するために使用する。
- ドロッパは，補肋ちょう架線をちょう架線に吊ったり，トロリ線の無効部分をちょう架線に吊る金具のことをいう。

【問題5】解答 2.
解説▶【自動張力調整装置】

　パンタグラフの円滑な集電を確保するため，トロリ線の張力を一定に保持する必要がある。張力はトロリ線の温度変化により変動するが，自動張力調整装置を用いるとこれを自動的に調整することができる。自動張力調整装置には，スプリングの弾性を利用したスプリング式や重力を利用した滑車式がある。滑車式は**小滑車に電線**を引留め，**大滑車に重り**を吊り下げる。

【問題6】解答 2.
解説▶【電気鉄道の電化方式】

　電気鉄道の電化方式には，直流方式と交流方式がある。直流方式の電圧は 1,500 V で，交流方式の電圧は 20 kV（新幹線は 25 kV）が用いられている。直流方式と交流方式を比較すると次のようになる。
- 直流 1,500 V 方式は，交流 20 kV 方式に比べて電圧が低いため**絶縁離隔距離を小さく**することができる。
- 交流 20 kV 方式は，直流 1,500 V 方式に比べ電圧が高いため運転電流と事故電流の**判別が容易**である。
- 交流 20 kV 方式は，電圧降下が小さいので直流 1,500 V 方式に比べて**変電所の数が少なく**，又変電所間隔が長くなる。
- 交流 20 kV 方式は，電源として三相電圧を用いる。単相交流に変換するので**三相電源不平衡対策**及び近傍の通信線への**誘導障害対策**を考慮する。

【問題7】解答 3.
解説▶【き電システム】

　単相交流き電方式は，電源として三相電圧を用いる。単相交流に変換するので三相電源不平衡対策及び近傍の通信線への誘導障害対策を考慮する必要がある。三相電源不平衡対策としては，**スコット結線変圧器**を用いて単相交流を供給する。単巻変圧器は昇圧用で，**三相を単相に変換できない**。

【問題8】解答 4.
解説▶【電圧降下の軽減策】

　BT き電方式は**通信誘導障害防止対策**として**吸上変圧器**を用いるき電方式である。吸上変圧器は**巻数比 1：1 の変圧器**である。

合格への目安 8問中5問以上正解できること。目標時間25分。

【問題1】 直流電気鉄道において電力回生車を導入する場合，き電システム上での回生失効の低減策として，**不適当なもの**はどれか。
1. 無効電力補償装置の設置
2. 上下一括き電方式の導入
3. サイリスタ整流器の導入
4. サイリスタインバータの設置

【問題2】 交流電気鉄道において，列車負荷により三相交流電源側に発生する電圧不平衡又は電圧変動を軽減する方法に関する記述として，**最も不適当なもの**はどれか。
1. 短絡容量の大きい電源から受電する。
2. スコット結線変圧器におけるM座とT座の負荷電力の差を小さくする。
3. サイリスタチョッパ抵抗を設置する。
4. 静止形無効電力補償装置を設置する。

【問題3】 直流式電気鉄道の電食に関する記述として，**不適当なもの**はどれか。
1. 埋設金属管の電食発生箇所は，電流が埋設金属管に流入する箇所である。
2. 電食とは，迷走電流による金属の腐食をいう。
3. 電食の原因は，電気車帰線電流の一部がレールより大地に流れる漏れ電流である。
4. 不良まくらぎの交換は，電食を抑止する方策として有効である。

【問題4】 電気鉄道の軌道回路に関する記述として，**不適当なもの**はどれか。
1. 複軌条式軌道回路は，両側レールに絶縁を設けて構成され，電気車の帰線電流はインピーダンスボンドを通して流れる。
2. 閉電路式軌道回路は，列車が軌道回路内に入ると車軸を回路の一部として電流が流れ，軌道継電器を励磁する。
3. 分倍周軌道回路は，商用周波数の分周波電流を用い，受信後倍周する方法を用いている。
4. インピーダンスボンドは，信号電流が隣接する軌道回路に流入するのを阻止する。

【問題5】 鉄道信号の連動装置に関する次の文章に該当する用語として，**適当なもの**はどれか。

「転てつ器を含む軌道回路内に列車又は車両があるとき，この列車又は車両によってその転てつ器を転換できないようにする鎖錠。」

1．接近鎖錠
2．閉路鎖錠
3．てっ査鎖錠
4．進路鎖錠

【問題6】 次の鉄道用常置信号機のうち，主信号機に分類されるものとして，**不適当なもの**はどれか。

1．遠方信号機
2．出発信号機
3．場内信号機
4．誘導信号機

【問題7】 電気鉄道の信号設備に関する次の文章に該当する装置の名称として，**最も適当なもの**はどれか。

「線路をある長さの区間ごとに区切り，1区間内に1列車しか進入を許さないことで安全を確保するもの。」

1．転てつ装置
2．閉そく装置
3．自動列車保安装置
4．運行管理装置

【問題8】 電気鉄道に関する次の文章に該当する制御装置の略号として，**適当なもの**はどれか。

「列車の速度を自動的に制限速度以下に制御する装置で，地上設備と車上設備で構成される。」

1．ＡＴＳ
2．ＡＴＣ
3．ＡＴＯ
4．ＣＴＣ

第21回テスト ┃ 解答と解説

【問題1】解答 1.

解説▶【回生失効の低減策】

　直流電気鉄道における回生失効は，回生ブレーキから空気ブレーキに切り替わることによる発電電力の失効をいう。回生失効低減対策としては，上下一括き電方式の導入，サイリスタ整流器の導入，サイリスタインバータの設置などがある。**無効電力補償装置**とは，交流電気鉄道における変電所の**三相電源の不平衡・電圧変動対策**として設置される。

【問題2】解答 3.

解説▶【電圧不平衡，電圧変動の軽減】

　サイリスタチョッパ抵抗の設置は，直流き電方式の回生電力を抵抗で消費して**回生失効**を防止するものである。

【問題3】解答 1.

解説▶【直流式電気鉄道の電食】

　直流式電気鉄道のレールを流れる電流の一部は大地に漏れて迷走電流となり，付近に埋設されている水道管等の金属体に流入し，変電所付近で大地に流出しレールにもどる。この時，**電流が大地に流出する所が**しだいに腐食されていくことを**電食**という。

【問題4】解答 2.

解説▶【軌道回路】

　軌道回路はレールを利用して，レール間を列車の車軸で短絡することで継電器を励磁又は無励磁とすることにより，列車の検知を行う。電気列車では帰線電流と信号電流を区別するためにインピーダンスボンドが設けられている。閉電路式軌道回路は，図1に示すように，常時軌道リレーを**励磁**の状態にさせておき，図2のように列車が入ると車軸により回路が短絡して軌道リレーを**無励磁の状態にさせることで列車を検知する。**この方式は，レール折損等があった場合でも常時安全側に働くので保安度が高く，広く採用されている。

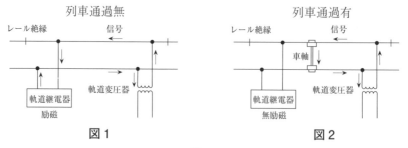

図1　　　　　　　　　　　　　　　　　　図2

【問題5】解答 3.
解説▶【鉄道信号の連動装置】
　　てっ査鎖錠とは，転てつ器を含む軌道回路内に列車又は車両があるとき，この列車又は車両によってその**転てつ器を転換**できないようにする鎖錠。

【問題6】解答 1.
解説▶【鉄道用常置信号機】
　　主信号機は，**出発信号機，場内信号機，入換信号機，誘導信号機及び閉そく信号機**に分類することができる。
- 遠方信号機は，列車に対して主体の信号機に向かって進行する運行条件を指示するために設けられる。
- 出発信号機は，列車に対して信号機の前方が開通しているかを指示する。
- 場内信号機は，列車が進入してよいか，進入した場合どの番線に進入すべきかを指示する。
- 誘導信号機は，主体の場内信号機の停止信号現示によって一旦停止した列車を，その信号機の内方に誘導するために設けられる。

【問題7】解答 2.
解説▶【信号設備】
- 転てつ装置は，軌道の分岐点に設置される分岐器の中でも，その進路を転換する部分で，転てつ器または**ポイント**と呼ばれる。転てつ器には手動によるもの，動力によるものがある。
- 閉そく装置は，線路をある長さの区間ごとに区切り，**1区間内に1列車**しか進入を許さないことで安全を確保するもの。
- 自動列車保安装置は，列車を自動的に**停止又は減速**させる装置をいう。
- 運行管理装置は，広範囲にわたる列車の運行状況を集中的に監視し，一括して**運行を管理**するための装置。

【問題8】解答 2.
解説▶【制御装置】
- ＡＴＳ（自動列車停止装置）は，停止信号を現示している信号機に接近した場合，自動的に制動をかけて停止現示の信号機の手前に列車を停止させる。
- ＡＴＯ（自動列車運転装置）とは，自動的に列車を運転するシステムで，個々の列車制御の自動化及び運転指令業務を含めた列車群制御の自動化に分類される。
- ＣＴＣ（列車集中制御装置）は，運転指令所に一定線区間の列車の運行状況や進路等を表示し，同時に進路を遠隔制御することにより列車の運行を一元的に管理する装置。

【**問題1**】道路照明器具の配列において，次の文章で表される配列の種類として，**適当なもの**はどれか。

　「幅員の狭い道路に適する配列で，路面にできる明暗の縞が自動車の進行と共に左右に交互に移動する。曲率半径の小さな曲線部の光学的誘導効果が不完全になる欠点がある。」

　1．片側配列

　2．千鳥配列

　3．向き合せ配列

　4．中央配列

【**問題2**】道路照明の方式に関する記述として，**不適当なもの**はどれか。

　1．ポール照明方式は，道路の線形の変化に追随した灯具の配置が可能で，誘導性が良い。

　2．高らん照明方式は，灯具の取り付け高さが低いので，こう配部ではグレア規制に十分な注意が必要である。

　3．ハイマスト照明方式は，灯具を高所に取り付けるので，路面上の輝度均斉度が劣る。

　4．カテナリ照明方式は，広い中央帯のある道路などの照明に適している。

【**問題3**】道路トンネル照明に関する記述として，**不適当なもの**はどれか。

　1．基本照明の平均路面輝度は，設計速度が速いほど高い値とする。

　2．晴天時の入り口部照明の路面輝度は，曇天時より高い値とする。

　3．一方通行の長いトンネルでは，入口部照明と出口部照明の路面輝度は同じ値とする。

　4．入口部照明の区間の長さは，設計速度が速いほど大きい値とする。

【**問題4**】トンネル照明の構成に関する記述として，**不適当なもの**はどれか。

　1．出口照明は，夜間時のみ点灯させる照明である。

　2．基本照明は，トンネル全長にわたって灯具を一定間隔に設置する照明である。

　3．入口照明は，トンネル入口部において基本照明に付加される照明である。

　4．停電時用照明は，突発停電による危険を防止するため設ける照明である。

【**問題5**】道路トンネルの照明に関する記述として，**不適当なもの**はどれか。

1．トンネルの照明は，停電時も照明できるように施設した。
2．トンネルの灯具は，建築限界外の路面3m以上の位置に取り付けると良い。
3．トンネルの出入口の接続道路に照明灯を施設した。
4．トンネルの入口部照明は，曇りの時より晴天時を明るくした。

【問題6】交通信号制御の目的に関する記述として，**最も不適当なもの**はどれか。
1．交差点での交通流の交錯を極小化し交通の安全を確保するとともに，交差点での交通処理効率をあげる。
2．交差する道路に対する交通処理量の適正配分，路線全体及び地域全体の交通処理量の適正配分を行い，全体の交通処理効率をあげる。
3．トンネルや橋等において危険な状態が生じた場合に，事故防止及び被害の拡大防止のため，大量公共輸送機関の車両を優先通行させる。
4．系統化により車両の速度を適正値にコントロールして，安全で円滑かつ環境を悪化させない交通を形成する。

【問題7】道路の交通信号制御に関する次の文章に該当する名称として，**適当なもの**はどれか。
「必要最小限の青信号を従道路側に与えて，その他の時間は主道路側を青信号とする方式のものであり，従道路に車両感知器が設置されている。」
1．定周期式制御　　　2．半感応制御
3．全感応制御　　　　4．押しボタン制御

【問題8】道路交通信号の系統制御に関する次の定義に該当する語句として，**適当なもの**はどれか。
「系統路線に沿って一つおきに青を表示するようにした制御」
1．交互オフセット　　　2．優先オフセット
3．平等オフセット　　　4．同時オフセット

【問題9】道路交通に関する情報システムとその関連機材等の組合せとして，**不適当なもの**はどれか。

情報システム	関連機材等
1．道路気象観測システム	ばいじん濃度計
2．交通監視システム	CCTV
3．路側通信システム	漏洩同軸ケーブル
4．自動料金支払いシステム（ETC）	車両検知機

【問題1】解答 2.

解説▶【道路照明器具の配列】

- 片側配列は，**均斉度が悪くなる**欠点があるが，道路の曲線部の外側に配列すると**光学的誘導性**に優れている。
- 千鳥配列は，幅員の狭い道路に適する配列で曲率半径の小さな曲線部の光学的誘導効果が**不完全**になる欠点がある。
- 向き合せ配列は，最も光学的誘導性に優れた配列で**あらゆる道路**に適用できる。
- 中央配列は，光学的誘導性に優れた配列で電気的配線の経済性にも優れているが，**保守性が悪く**道路両側が明るくならない欠点がある。

【問題2】解答 3.

解説▶【道路照明の方式】

- ポール照明方式は，道路の線形の変化に追随した灯具の配置が可能で，**誘導性が良い**。
- 高らん照明方式は，灯具の取り付け高さが低いので，こう配部では**グレア規制**に十分な注意が必要である。
- ハイマスト照明方式は，灯具を高所に取り付けるので，路面上の**輝度均斉度**が優れている。
- カテナリ照明方式は，広い**中央帯**のある道路などの照明に適している。

【問題3】解答 3.

解説▶【道路トンネル照明】

　昼間，運転者がトンネル入口部の自然光による極めて明るいところから，低いレベルに照明されたトンネルに進入すると，極度の明るさの激しい変化により視覚的問題が生じる。この為，一方通行の長いトンネルでは，入口部照明の**路面輝度を最も高く**する必要がある。

【問題4】解答 1.

解説▶【トンネル照明の構成】

　出口照明は，昼間トンネルを出るときに，出口開口部が見えにくくなることを防止するために，**昼間**でも点灯させる必要がある。

【問題5】解答 2.

解説▶【道路トンネルの照明】

　「道路照明施設設置基準」により，トンネル内の灯具は，建築限界外の路面上**4m以上**の位置に取付けることを原則とされている。

【問題6】解答 3.

解説▶【交通信号制御の目的】

　　トンネルや橋等において危険な状態が生じた場合に，事故防止及び被害の拡大防止のため，**緊急に交通を停止**させる。

【問題7】解答 2.

解説▶【道路の交通信号制御】

- 定周期式制御は，あらかじめ設定されたサイクル長，スプリットのプログラムどおりに信号表示が**繰り返される方式**である。
- 半感応制御は，必要最小限の青信号を従道路側に与えて，その他の時間は主道路側を青信号とする方式のものであり，**従道路に車両感知器**が設置されている。
- 全感応制御は，交差点のすべての流入路について，交通量を**車両感知器**で計測し，各流入路の青信号時間を制御する方式である。
- 押しボタン制御は，歩行者が押しボタンを押し，主道路の車両を止めて，**歩行者に通行権**を与えるものである。

【問題8】解答 1.

解説▶【道路交通信号の系統制御】

　　オフセットは隣接する信号機の主道路青信号の表示時刻のずれをいい，優先オフセット方式，平等オフセット方式，同時オフセット方式及び交互オフセット方式がある。

- 交互オフセットは，系統路線に沿って**1つおきに青**を表示するようにしたオフセット方式。
- 優先オフセット方式とは，上下交通量の比が**極端に大きい**場合に優先して流したい場合に適用する方式。
- 平等オフセット方式とは，**両方向の度合が平等**になるようにするオフセット方式で，交通量に著しい差のない場合の制御に適する。
- 同時オフセット方式とは，系統路線に沿って，全交差点の表示が**同時に青**になるようなオフセット方式である。

【問題9】解答 1.

解説▶【情報システム】

　　道路気象観測システムは，ドライバーに対して**風，雨，気温，路面温度，降雪，積雪および凍結等の気象情報**を提供するものである。

関連分野

第23回テスト

【問題1】 給水設備に関する記述として，**最も不適当なもの**はどれか。
1. 高置水槽方式は，高置水槽を水栓又は器具に対して最低必要圧力が確保できる高さに設置する。
2. 水道直結方式は，受水槽が不要のため，建物内の水質汚染の危険が少ない。
3. 圧力水槽方式は高置水槽方式に比べ，一般に給水圧力の変動が少ない。
4. ポンプ直送方式は，受水槽の水を給水ポンプにより建物内の必要な箇所に直送する。

【問題2】 排水設備に関する記述として，**不適当なもの**はどれか。
1. 排水管は，保守点検を容易に行うことができる構造としなければならない。
2. 排水トラップは，二重に設けてはならない。
3. 排水タンク（排水槽）の底面は，水平としなければならない。
4. 水泳用のプールの排水は，間接排水としなければならない。

【問題3】 給水設備に関する記述として，**不適当なもの**はどれか。
1. 給水配管のウォータハンマを防止するには，管内流速をなるべく遅くする。
2. バキュームブレーカは，給水圧を調整するためのものである。
3. 給水タンクの容量は，水の停滞，滅菌効果の減少などを考慮して必要以上に大きくしない。
4. 系統とその他の系統が，配管・装置などにより直接接続されることをクロスコネクションという。

【問題4】 飲料水の給水設備に関する記述として，**不適当なもの**はどれか。
1. 給水タンクなどへの給水口は，あふれ縁より下に設ける。
2. 高置タンク方式は，水栓，器具などの最低必要圧力が確保できる高さに，高置タンクを設置する。
3. ポンプ直送方式は，給水タンクなどに貯水したのち，給水ポンプで必要箇所に給水する方式である。
4. 給水タンクなどの天井，底又は周壁は，建築物の他の部分と兼用してはならない。

【問題5】 給水設備に関する記述として，**不適当なもの**はどれか。
1. 高架水槽方式は，水道直結方式に比べて水質汚染の可能性が低い。
2. 逆サイホン作用による逆流を防止するため，吐水口空間を確保する。
3. バキュームブレーカは，器具のあふれ縁より一定高さ以上の位置に設ける。
4. 飲料水用給水タンクのオーバフロー管は，防虫網を設け間接排水とする。

【問題6】 空気調和設備に関する記述として，**最も不適当なもの**はどれか。
　1．定風量単一ダクト方式は，中間期に室内に比べて低温の外気を導入する外気冷房が可能である。
　2．変風量単一ダクト方式は，間仕切変更や熱負荷の増加に対応が困難である。
　3．ファンコイルユニット方式は，室内にユニットが多数分散設置されているため，保守管理に手間がかかる。
　4．パッケージユニット方式（ビル用マルチ型）は，屋内機と屋外機間の冷媒配管が長くなるほど能力が低下する。

【問題7】 空気調和方式に関する記述として，**不適当なもの**はどれか。
　1．定風量単一ダクト方式は，ファンコイルユニット・ダクト併用方式に比べて，配管や空調機器が居室に分散されないもので管理が容易である。
　2．ファンコイルユニット・ダクト併用方式は，一般にファンコイルユニットをインテリア部に設けた方が効果的である。
　3．マルチゾーン方式は，各ゾーンの負荷に応じた空調ができる。
　4．変風量単一ダクト方式は，定風量単一ダクト方式に比べて，一般にエネルギーの消費量が少ない。

【問題8】 空気調和方式に関する記述として，**最も不適当なもの**はどれか。
　1．定風量単一ダクト方式は，高度な空気処理が可能なため，クリーンルームにも採用される。
　2．蓄熱方式を用いた場合は，安価な深夜電力を利用して運転費を節約できる。
　3．マルチパッケージ方式では，加湿量の確保が難しい。
　4．空気熱源ヒートポンプパッケージ方式は，暖房運転では外気温度が低下すると能力が上昇する。

【問題9】 空気調和設備における省エネルギー対策として，**最も不適当なもの**はどれか。
　1．外気の取入れ量を最適化する。
　2．全熱交換器を採用する。
　3．二重ダクト（冷風，温風の2系統）方式を採用する。
　4．可変風量（VAV）方式を採用する。

【問題1】解答 3.

解説▶︎【給水設備の種類】

　　圧力水槽方式とは，水道水を受水槽に貯水してから給水することでは高置水槽方式と同じであるが，圧力水槽は空気を封入した密閉水槽で，この水槽内にポンプで水を送り，水槽内の空気を圧縮させて**圧力を上げ，その圧力で水を加圧**して送り出すことで，ポンプの起動・停止が繰り返される。タンク設備の設計は次のようにする。

- 給水タンクの容量は，水の停滞，滅菌効果の減少などを考慮して必要以上に大きくしない。
- 給水タンクの天井，底又は周壁は，建築物の他の部分と**兼用**しない。
- 給水タンクへの給水口は，**あふれ面より上**に設置する。
- 給水タンクには，直径 **60 cm** 以上のマンホールを設ける。
- 給水タンクの水抜管は，排水管に**直接連結**しない。
- 飲料水用給水タンクのオーバフロー管は，防虫網を設け**間接排水**とする。
- 高置タンク方式は，水栓，器具などの**最低必要圧力**が確保できる高さに，高置タンクを設置する。

【問題2】解答 3.

解説▶︎【排水設備】

　　建設省告示第 1597 号「建築物に設ける飲料水の配管設備及び排水のための配管設備の構造方法を定める件」において，「排水槽の底の**こう配は吸い込み**ピットに向かって **1/15 以上 1/10 以下**とする等内部の保守点検を容易かつ安全に行うことができる構造とすること。」と規定されている。

【問題3】解答 2.

解説▶︎【給水設備】

　　給水管の内部に負圧が発生すると，器具から吐水した水や使用した水などが**逆サイホン作用**により上水系統へ逆流することがある。バキュームブレーカは，自動的に空気を吸引するような構造をもった器具で**上水系統へ逆流するのを防止**するために用いられる。

　　逆サイホン作用とは，水受け容器中に吐き出された水が，管内に生じる負圧により逆流する現象である。逆サイホン作用による逆流を防止するため，**吐水口空間**を確保する。

【問題4】解答 1.

解説▶︎【給水設備】

　　給水タンクなどへの給水口は，**逆サイホン作用**を防止するために**あふれ縁より上**に設ける。

【問題5】解答 1.
解説▶【高架水槽方式】
　　高架水槽方式は，水の最初の受入先として受水槽での水の**貯留期間が長く**なるため，水道直結方式に比べて**水質汚染**の可能性が高くなる。

【問題6】解答 2.
解説▶【空気調和設備】
- 定風量方式は，**風量を一定**にして，その負荷に応じて温度をコントロールする方式で，定風量単一ダクト方式では，空気調和機ごとに温度及び湿度の制御を行う。定風量方式では，送風機が負荷の大きさに関係なく，常に全負荷運転をしているので，可変風量方式に比べて**損失が大きく**なる。
- 可変風量方式は，送風温度は一定で，その**風量を室温に従って調節**していく方式である。変風量単一ダクト方式では，**各室ごとに温度及び湿度の制御**を行うもので，負荷が減少したときに送風量も減るので室内空気分布が悪くなるが，**間仕切変更や熱負荷の増加にある程度対応が可能である。**
- ファンコイルユニット方式は，単一ダクト方式でカバーできない部分をコントロールするのに適している。ファンコイルユニットを**各室に配置**し，室内熱負荷に応じて，冷水または温水をコイルに流して，これをファンで空気に熱交換して吹き出し温度の制御を行う。
- パッケージユニット方式（ビル用マルチ型）は，**ヒートポンプ**を用いるもので，屋内機と屋外機間の冷媒配管が長くなるほど能力が低下する。

【問題7】解答 2.
解説▶【ファンコイルユニット・ダクト併用方式】
　　ファンコイルユニット・ダクト併用方式は，一般にファンコイルユニットをペリメータ部分（**屋内周囲空間**）に設けた方が効果的である。

【問題8】解答 4.
解説▶【空気熱源ヒートポンプパッケージ方式】
　　空気熱源ヒートポンプパッケージ方式は，**暖房運転**では**外気温度が低下**すると**能力が低下**する。

【問題9】解答 3.
解説▶【二重ダクト方式】
　　二重ダクト方式は，冷風，温風の**2系統のダクト**を設けて末端の混合ユニットで冷風，温風を混合して送風し，室温を制御するものであるが，熱の混合損失が生じるので，省エネの観点から用いられなくなってきている。

【問題1】 土止め支保工の工法に関する記述として，**最も不適当なもの**はどれか。
1. 地盤アンカー工法は，掘削の平面形状が複雑な場合に適応が可能である。
2. アイランド工法は，中間支持柱が不要であり，切りばりも少なくてすむ。
3. トレンチカット工法は，軟弱地盤に適応が可能である。
4. 水平切りばり工法は，機械掘削の場合，機械の稼動範囲に対する制約が少ない。

【問題2】 軟弱地盤対策の工法として，**関係のないもの**はどれか。
1. サンドドレーン工法
2. バイブロフローテーション工法
3. グルービング工法
4. 盛土荷重載荷工法

【問題3】 掘削工事において，次の現象を表す用語として，**適当なもの**はどれか。
　「砂質地盤の掘削で，水位差により上向きの浸透流が生じて土砂が根切り内に吹き上げる現象。」
1. クリープ現象
2. ヒービング現象
3. リラクセーション現象
4. ボイリング現象

【問題4】 地中配電線路の掘削工事における土留め作業に関する記述として，**不適当なもの**はどれか。
1. 土留めの構造は，地質，地下水位などに適合したものとした。
2. 土留め杭を打ち込むに当たり，電話，ガス，上下水道，電気などの埋設物の確認を行った。
3. 土留め及び周辺を点検したところ，掘削底面のふくれ上がりが見られたので，底面の突固めを行い，作業を継続した。
4. 土留め材の取外しは，埋戻しを行いながら，周囲の地山をゆるめないように行った。

【問題5】 高さ5m未満の堅い粘土からなる地山を手掘りで掘削する場合，掘削面のこう配の最大値として，「労働安全衛生法」上，**定められているもの**はどれか。

1. 45 度
2. 60 度
3. 75 度
4. 90 度

【問題6】 送電線の鉄塔の基礎に関する記述として, **不適当なもの**はどれか。
1. 深礎基礎は, 地盤をボーリングマシンで削孔し, 地盤にアンカ本体を定着させるものである。
2. 杭基礎は, 一般に床板部直下の地盤が軟弱な場合, 杭により荷重を支持層に伝達するものである。
3. 逆 T 字型基礎は床板部と柱体部からなる独立基礎である。
4. べた基礎は, 脚部をそれぞれ独立基礎とせずに連結して一体化したものである。

【問題7】 建設機械の騒音に関する記述として, **不適当なもの**はどれか。
1. 大型機械は小型のものに比べて, 騒音・振動が大きくなりやすい。
2. 内燃力機関は同程度の出力であれば, 回転数の多い方が一般に騒音が小さい。
3. 内燃力機関に比べて, 電動機の方が一般に騒音が小さい。
4. 整備の悪い機械は, 騒音が大きくなりやすい。

【問題8】 建設工事に使用する締固め機械に関する記述として, **不適当なもの**はどれか。
1. タイヤローラは, 空気入りタイヤの特性を利用して締固めを行うもので砂質土の締固めに適している。
2. ロードローラは, 衝撃的な力により締固めを行うもので粘性土の締固めに適している。
3. タンピングローラは, ローラの表面に突起をつけたので, 粘性土の締固めに適している。
4. 振動ローラは, ローラに起振機を組合わせ, 振動によって締固めを行うもので砂質土の締固めに適している。

【問題9】 舗装に関する記述として, **不適当なもの**はどれか。
1. アスファルト舗装は, コンクリート舗装に比べて養生期間が短い。
2. アスファルト舗装は, 荷重で下部の層が沈下すると表層も沈下しやすい。
3. コンクリート舗装は, アスファルト舗装に比べて耐久性が高い。
4. コンクリート舗装は, アスファルト舗装に比べて荷重によるたわみが大きい。

【問題1】解答 4.

解説▶【土止め支保工】

- 地盤アンカー工法は，掘削の平面形状が複雑な場合，面積の広い場合，急傾斜地で偏土圧がかかる場合に有利である。
- アイランド工法は，中間支持柱，桟橋等が不要であり，切りばりも少なくてすむ。
- トレンチカット工法は，工期が長くなり，工費もかさむが，軟弱地盤を含め，あらゆる土質に適している。
- 水平切りばり工法は，機械掘削の場合，機械の稼動範囲に対する**制約が多い**。

【問題2】解答 3.

解説▶【軟弱地盤対策】

- サンドドレーン工法は，地盤に砂の杭を打ち込んで排水距離を短くし，砂の杭と敷いた砂の層を通して粘土層に含んだ水を排出させて地盤を強化する。
- バイブロフローテーション工法は，ゆるいきれいな砂層を水ジェットと振動の併用でかなりの深さまで締固める**地盤改良工法**の一種である。
- グルービング工法は，高速道路などで**スリップ事故**を未然に防ぐために路面に溝を切り込むことで，路面排水のアップ，ハイドロプレーニングの防止，路面の凍結防止，制動距離の短縮化など優れた効果を発揮する。
- 盛土荷重載荷工法は，盛土や構造物の計画されている地盤にあらかじめ荷重をかけて沈下を促進した後，計画された構造物を造り，構造物の沈下を軽減させる。

【問題3】解答 4.

解説▶【掘削工事の現象】

- クリープ現象は，一定荷重によって時間と共に部材がじわじわと変形していく現象をいう。
- ヒービング現象は，軟らかい粘土層の掘削において，矢板背面の土の重量によって上部地盤が陥没し，根切り底面が押し上げられて**ふくれ上がる**現象。
- リラクセーション現象は，材料に力を加えて一定の歪みを保った場合，時間と共に応力が減少する現象。

【問題4】解答 3.

解説▶【土留め作業】

底面の突固めだけでは適切ではないので山留め壁をヒービングのおそれのない良質な地盤まで根入れするなどの処置をとる。

【問題5】解答 4.
解説▶【掘削面のこう配の最大値】
労働安全衛生規則第356条の表に次のように定められている。

地山の種類	掘削面の高さ （単位　メートル）	掘削面のこう配 （単位　度）
岩盤又は堅い粘土 からなる地山	5 未満	90
	5 以上	75
その他の地山	2 未満	90
	2 以上 5 未満	75
	5 以上	60

【問題6】解答 1.
解説▶【基礎工法の種類】
　深礎工法とは，地中に基礎杭を作るために**円形の竪杭**を掘削する方法で，外枠にライナープレートを組立て，土留めしながら内部の土を除去しつつ所定の支持盤に到達した後，コンクリートを打設し基礎とする工法である。地盤をボーリングマシンで削孔し，地盤にアンカー本体を定着させるものは，**アースアンカー基礎**と呼ばれる。

【問題7】解答 2.
解説▶【建設機械の騒音】
　内燃力機関は同程度の出力であれば，回転数の多い方が一般に**騒音が大きく**なるので，低回転数化，排気音の消音化などの措置が講じられている。

【問題8】解答 2.
解説▶【締固め機械】
• タイヤローラは，タイヤの**空気圧**を変えることにより接地圧の調整が可能である。
• ロードローラは，**静的圧力**により締固めを行うので単粒砕石などの締固めに適しているが粘性土や砂質土には締固め効果は少ない。
• タンピングローラは，ローラの表面に**突起**をつけたもので，土塊や岩塊などの破砕や締固めに効果がある。
• 振動ローラは，ローラに**起振機**を組合せ，小さな重量で締固めを行うものである。

【問題9】解答 4.
解説▶【舗装の種類】
　コンクリート舗装は，**たわみが少なく**，主としてコンクリートの曲げ抵抗で交通荷重を支えるので剛性舗装と呼ばれる。

【問題1】土質試験の名称とその試験結果から求められるものの組合せとして，**不適当なもの**はどれか。

| 土質試験の名称 | 試験結果から求められるもの |

1. 標準貫入試験　　　　　水平地盤反力係数
2. 単位体積質量試験　　　湿潤密度
3. 一軸圧縮試験　　　　　粘着力
4. 粒度試験　　　　　　　均等係数

【問題2】地中送電線路における管路の埋設に関する次の記述に該当する工法として，**適当なもの**はどれか。

「圧入方式では，操向性のあるパイロット管を先導管として，管本体を圧入しながら到達坑まで推進する。」
1. 刃口推進工法
2. 小口径推進工法
3. シールド工法
4. セミシールド工法

【問題3】土質分類に用いられる試験として，**適当なもの**はどれか。
1. 圧密試験
2. 粒度試験
3. 標準貫入試験
4. スランプ試験

【問題4】敷地測量の用語に関する記述として，**不適当なもの**はどれか。
1. 建築物におけるベンチマークは，その位置や高さの基準点である。
2. 水準点は，レベルを測る際の基準になる点である。
3. 遣り方は，建築物の水平及び位置の基準を明示するものである。
4. 縄張りは，柱や壁の心墨を基準線から割り出して設けるものである。

【問題5】水準測量に関する記述として，**不適当なもの**はどれか。
1. レベル及び標尺は，地盤の堅固な場所に据える。
2. 前視及び後視の視準距離は，ほぼ等しくする。
3. レベルが直射日光を受けないように，傘などで日陰にする。
4. 標尺の上端及び下端付近を視準する。

【問題6】 水準測量作業にあたっての注意事項として，**不適当なもの**はどれか。

1. 前視と後視の距離を，ほぼ等しくする。
2. 視準線長（視準距離）は，できるだけ長くとる。
3. 地表上のかげろうの影響で視準線が動揺しないように，視準線はあまり低くしない。
4. 測量器械が直射日光を受けて不同膨張を起こさないように覆う。

【問題7】 測量における誤差に関する記述として，**不適当なもの**はどれか。
1. 器械誤差とは，器械の構造又は調整の不完全から生じる誤差のことである。
2. 自然誤差とは，温度の変化，光の屈折，風の影響などから生じる誤差のことである。
3. 定誤差とは，目盛りが正しくない巻尺を用いた場合などの誤差のように，大きさやあらわれ方が一定している誤差のことである。
4. 不定誤差（偶然誤差）とは，常に大きく読んだり，常に小さく読んだりする場合などに生じる誤差のことである。

【問題8】 水準測量の誤差に関する記述として，**不適当なもの**はどれか。
1. 視準軸誤差は，前視及び後視の標尺をレベルから等距離にすれば消去できる。
2. 標尺が手前に傾いていると，標尺の読みは小さくなる。
3. 標尺の零点目盛誤差は，レベルの据付け回数を偶数回にすれば消去できる。
4. 球差は，前視及び後視の標尺をレベルから等距離にすれば消去できる。

【問題9】 測量に関する記述として，**最も不適当なもの**はどれか。
1. 水準測量は，ある点から順に次の点への方向角と距離を測定して，各点の位置を求める方法である。
2. スタジア測量は，アリダードを用いて距離測定を行うことができる。
3. 平板測量は，角を数値で測定しないので，読みや記帳に伴う誤差や過失が防げる。
4. トラバース測量は，三角測量に比べて精度が劣る。

【問題1】解答 1.

解説▶【土質試験】

- 標準貫入試験は，N 値とサンプルから地盤を調べる試験である。**N 値**とは重量 63.5 ± 0.5 kg のハンマを 76 ± 1 ㎝ 落下させ，30 ㎝ 打ち込むのに要する打撃数をいう。水平地盤反力係数は，孔内水平載荷試験で求める。
- 単位体積質(重)量試験は，**湿潤密度**を求める試験で土の締固めを管理する。
- 一軸圧縮試験は，**粘着力**を求めるための試験で，地盤支持力を確認する。
- 粒度試験は**均等係数**を求めるための**土の分類試験**。

【問題2】解答 2.

解説▶【管路の埋設工法】

開削せずに地中を貫通して管渠を設置する工法の一つで，圧入式以外にも，掘削した土砂をオーガスクリュで排出するオーガ式や泥土圧式等がある。

【問題3】解答 2.

解説▶【土質分類に用いられる試験】

- 圧密試験は，地盤の沈下などの**圧密現象**を解明するための試験である。
- 粒度試験は**均等係数**を求めるための土の分類試験である。
- 標準貫入試験は N 値と**サンプル**から地盤を調べる試験である。
- スランプ試験は，コンクリートの軟らかさや**流動性**を測定する試験である。

【問題4】解答 4.

解説▶【敷地測量の用語】

- ベンチマークは，その位置や高さの**基準点**である。
- 水準点は，標高が正確に記された地点で**レベル**を測る際の基準になる点である。
- 遣り方は，建築物の水平及び位置の基準を明示する**仮設物**のことをいう。
- 縄張りは，地杭を打ち地縄を張り回し，建築物の**外形**を示すものである。柱や壁の心墨を基準線から割り出して設けるものは**心出し**という。

【問題5】解答 4.

解説▶【水準測量】

水準測量に関する注意事項は次のようになる。

- レベルと標尺は地盤の良い所に据え，前視と後視との距離を等しくする。
- レベルはなるべく標尺の中央部付近に据え付け，上端及び下端付近を避けて**標尺の中央部付近を視準する**。
- レベルが直射日光を受けて不同膨張を起こさないように，日陰にする。
- かげろうの影響で視準線が動揺しないように視準線はあまり低くしない。

土木関係（その2）

- 視準線長（視準距離）は，できるだけ長くとらない。

【問題6】解答 2.
解説▶【水準測量作業】

　視準線長は，**長距離**にすると不完全調整，目盛読み取り等による誤差が多くなる。

【問題7】解答 4.
解説▶【測量における誤差】

- 器機誤差は，測定に用いる器機の**構造又は調整の不完全**から生じる誤差。
- 自然誤差は，**温度や光の屈折**などによって生じる誤差のことである。
- 定誤差とは，目盛りが正しくない巻尺を用いた場合などの誤差のように，大きさやあらわれ方が**一定している**誤差のことである。
- 不定誤差（偶然誤差）は，**原因不明**の誤差のことである。常に大きく読んだり，常に小さく読んだりする場合などに生じる誤差は**個人誤差**である。

【問題8】解答 2.
解説▶【水準測量の誤差】

- 視準軸誤差は，**器機の調整**が不完全なため生じる誤差の1つで，前視及び後視の標尺をレベルから等距離にすれば消去できる。
- 標尺が鉛直方向からどの方向に傾いていても，標尺の読みは**大きく**なり，誤差の大きさは，標尺の読みの大きさに比例し，傾斜角の2乗に比例する。
- 標尺の零点目盛誤差は，標尺の底面がすり減って正しい零線を示さないことによる誤差をいう。この誤差は最初の点に用いた標尺を最後の点でも用いるようにすればこの影響が除かれる。レベルの据付け回数を**偶数回**にする。
- 球差は，前視，後視の視準距離の違う場合にだけ生じるので，前視及び後視の標尺をレベルから**等距離**にすれば消去できる。

【問題9】解答 1.
解説▶【測量の種類】

- 水準測量とは任意の地点間の**高低差**を求める測量法である。ある点から順に次の点への方向角と距離を測定して，各点の**位置**を求める方法は**トラバース測量**である。
- スタジア測量には，トランシットやレベルを使用して**距離**を測定する方法もある。
- 平板測量は，現地で直接図を書くので，等高線や不規則な地物が**正確**に表しやすい。
- トラバース測量は，三角測量に比べ三角網で構成されない分，精度が劣る。

【問題1】図に示すコンクリートのスランプ試験におけるスランプとして，**適当なもの**はどれか。

1. イ
2. ロ
3. ハ
4. ニ

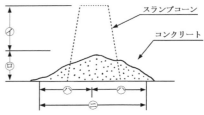

【問題2】鉄筋コンクリートに関する記述として，**不適当なもの**はどれか。

1. 異形棒鋼は，丸鋼よりコンクリートに対する付着性がよい。
2. コンクリートの中性化は，鉄筋の腐食の原因となる。
3. 粒径が同じであれば，砕石を用いたコンクリートより砂利を用いたコンクリートの方がワーカビリティが大きい。
4. 同じ品質のセメントであれば，コンクリートの強度は，水セメント比の大きいものほど大きい。

【問題3】コンクリートの施工に関する記述として，**不適当なもの**はどれか。

1. 打継目は，できるだけせん断力の大きい位置に設ける。
2. 打込み後，急激に乾燥するとひび割れ発生の原因となるので，できるだけ日光の直射，風等による水分の逸散を防ぐ。
3. 多量のコンクリートを広範囲に打込む場合には，できるだけ打込み箇所を多く設けて，1箇所からの打込み速度が大きくなりすぎないようにする。
4. 型枠高さが高い場合には，材料の分離を防ぐため縦シュートを用いることなどにより，できるだけ吐出口を打込み面近くまで下げる。

【問題4】鉄道の土木構造及び軌道構造に関する記述として，**不適当なもの**はどれか。

1. 路盤とは，道床の下にあって軌道を支持する盛土，切取などの表面部の，ある厚さをいう。
2. 施工基面とは，線路の中心線においての道床の高さを示す基準面のことで，道床の表面をいう。
3. スラックとは，曲線部において車輪を円滑に通過させるための軌間の拡幅をいう。
4. カントとは，曲線部で外側レールを内側レールより高く敷設する際の内外レール面の高低差をいう。

【問題5】 鉄道施設において，線路の曲線部における記述として，**不適当なものはどれか。**
1. 摩擦により列車抵抗が増す。
2. 車両の両端と中央が軌道中心から偏ることから，建築限界が縮小される。
3. 当該部分の列車の平均速度より高速になるとカント不足になる。
4. 遠心力の作用により，乗り心地が低下する。

【問題6】 列車の運転速度を向上させる軌道強化対策として，**不適当なもの**はどれか。
1. 重量の大きなレールへの取替え
2. まくらぎの間隔の拡大
3. 強じんで稜角のある砕石への取替え
4. 二重弾性締結装置の採用

【問題7】 鉄道線路で列車が直線から曲線に入るときの進行を円滑にするために設定する必要があるものとして，**最も不適当なもの**はどれか。
1. スラック
2. カント
3. 曲率
4. 査定こう配

【問題8】 鉄道線路及び軌道構造に関する記述として，**不適当なもの**はどれか。
1. 軌道の構造は，道床の構造から，バラスト軌道と直結軌道に大別される。
2. 緩和曲線とは，直線と円曲線との間などに設けられた曲線のことである。
3. スラックとは，曲線部において車輪を円滑に通過させるために設けられたレール間の高低差のことである。
4. 曲線部における建築限界は，車両の偏りに応じて拡大される。

【問題9】 鉄道の施設に関する記述として，**不適当なもの**はどれか。
1. 線路のこう配とは，2点間の高低差をその水平距離で除した1,000分率で表したものをいう。
2. 狭軌とは，1,435 mm より狭い軌間をいう。
3. 縦曲線とは，こう配変更箇所に設けられる鉛直面内の曲線をいう。
4. ロングレールとは，溶接により25 m レールを100 m につないだものをいう。

【問題1】解答 1.
解説▶【スランプ試験】

　　JIS においてコンクリートのスランプ試験方法は，「スランプコーンに詰めたコンクリートの上面をスランプコーンの上端に合わせてならした後，直ちにスランプコーンを静かに鉛直に引き上げ，コンクリートの中央部において**下がりを 0.5 cm 単位で測定**し，これをスランプとする。」と規定されている。

【問題2】解答 4.
解説▶【コンクリートの性質】

　　コンクリートの性質は次のようになる。
- コンクリートの強度は，一般に，**水セメント比が小さいほど**，また，セメントの強度が大きいもの及び材齢の大きいほど大きくなる。
- コンクリートは，**アルカリ性**であり，鉄筋の腐食を防ぐ働きがある。
- コンクリートと鉄筋との線膨張係数は，常温においてもほぼ同じである。
- コンクリートの圧縮強度は引張強度よりも**大きい**。
- コンクリートの**中性化**は，鉄筋の腐食の原因となる。
- 粒径が同じであれば，砕石を用いたコンクリートより砂利を用いたコンクリートの方が**ワーカビリティ**が大きい。
- コンクリートの呼び強度には**圧縮強度**が用いられる。

【問題3】解答 1.
解説▶【コンクリートの施工方法】

　　コンクリートの施工方法は次のようになる。
- コンクリートの調合は，所要の品質と作業に適するワーカビリティが得られる範囲内で，単位水量はできるだけ少なくなるように定め，**スランプはできるだけ小さく選ぶ**のが良い。
- 打込み時には，十分に締固めなければならない。
- 圧送に用いる輸送管は，型枠に緊結してはならない。
- 養生中は，十分湿潤な状態に保たれるよう配慮しなければならない。
- 打継部は，**できるだけせん断応力の小さい位置**に設ける。
- 打込み後，急激に乾燥するとひび割れ発生の原因となるので，できるだけ日光の直射，風等による水分の逸散を防ぐ。
- 多量のコンクリートを広範囲に打込む場合には，できるだけ打込み箇所を多く設けて，1箇所からの打込み速度が大きくなりすぎないようにする。
- 型枠高さが高い場合には，材料の分離を防ぐため縦シュートを用いることなどにより，できるだけ吐出口を打込み面近くまで下げる。

【問題4】解答 2.

解説▶【鉄道の土木構造及び軌道構造】

　施工基面とは，線路の中心線においての**路盤の高さ**を示す基準面のことで，**路盤の表面**をいう。路盤とは，道床の下にあって軌道を支持する盛土，切取などの表面部のある厚さをいう。

【問題5】解答 2.

解説▶【線路の曲線部】

　車両の両端と中央が軌道中心から偏ることから，**建築限界が拡大**される。

【問題6】解答 2.

解説▶【軌道強化対策】

　まくらぎの間隔を**縮小**する。つまり枕木を**増設**しなければならない。重量の大きいまくらぎも効果があるので PC まくらぎに交換するのもよい。

【問題7】解答 4.

解説▶【直線から曲線への円滑化】

- スラックとは，曲線部において軌間を**拡大**すること又はその拡大量をいう。
- カントとは，曲線部で外側レールを内側レールより高くすること又はその**高低差**をいう。
- 列車が直線部分から曲線部分に入ると線路のまがりぐあいに応じた**応力**を受けるが，この応力による衝撃を和らげるために直線路と曲線部に曲げ率を徐々に変化させたレールをいれる。
- 査定こう配とは，ある区間の上りこう配中，列車が**最大の引張力**を発揮して上るような線路こう配をいう。

【問題8】解答 3.

解説▶【鉄道線路及び軌道構造】

　曲線部において，車輪を円滑に通過させるために設けられたレール間の高低差のことは**カント**である。**スラック**とは，曲線部を通過する時に，車輪がきしまずに円滑に通過できるよう，軌間を拡大する寸法である。

【問題9】解答 4.

解説▶【鉄道の施設】

　レールは，5 m 以上 25 m 未満を**短尺レール**，25 m（30 kg レールは 20 m）を**定尺レール**，25 m を超え 200 m 未満を**長尺レール**，200 m 以上を**ロングレール**という。

【問題1】 鉄筋コンクリート構造に関する記述として，**不適当なもの**はどれか。
1. 鉄筋は，主として引張応力を負担する。
2. コンクリートは，主として引張応力を負担する。
3. 帯筋は，主として柱のせん断力に対する補強に役立つ。
4. あばら筋は主として梁のせん断力に対する補強に役立つ。

【問題2】 鉄筋コンクリート造の建築物における梁貫通孔に関する記述として，**最も不適当なもの**はどれか。
1. 孔径は，梁せいの1/3とした。
2. 孔の梁に対する上下方向の位置は，梁せいの中心とした。
3. 孔の中心位置は，柱及び直交する梁の面から梁せいの1.2倍離した。
4. 孔が並列する場合は，その中心間隔は，孔径平均の2倍離した。

【問題3】 鉄筋コンクリート構造に関する記述として，**不適当なもの**はどれか。
1. 引張強度が小さいコンクリートを引張強度の大きい鉄筋で補強し，一体とした構造である。
2. コンクリートと鉄筋の熱膨張係数は異なり，ひび割れ発生の原因の一つとなっている。
3. コンクリートはアルカリ性であり，鉄筋に対して優れた防錆力がある。
4. コンクリートの呼び強度には圧縮強度が用いられる。

【問題4】 鉄骨鉄筋コンクリート構造に関する記述として，**最も不適当なもの**はどれか。
1. 一般に鉄筋コンクリート構造よりも，じん性が大きいので耐震上有利である。
2. コンクリートのかぶり厚さにかかわらず，耐火構造として認められる。
3. 鉄骨と鉄筋が共存するため，コンクリート打設がやや困難である。
4. コンクリートにより鉄骨の座屈を防止している。

【問題5】 建築物の鉄筋コンクリート構造に関する記述として，**不適当なもの**はどれか。
1. 梁貫通孔は，梁のスパンの中央部近くに設けることが望ましい。
2. 耐震壁に矩形の開口部を設ける場合は，水平方向に細長い形状が望ましい。
3. 梁貫通孔が並列する場合は，その中心間隔は，貫通孔の径の平均値の3倍以上とする。
4. 床面に矩形の開口部を設ける場合は，原則として，縦筋，横筋のほか，隅角部に斜めに補強筋を設ける。

【**問題6**】 鉄骨構造のトラス構造に関する記述として，**最も不適当なものは**どれか。
1. 三角形を構成するように部材を組立てた構造である。
2. 細い断面の部材で大スパンを支える構造である。
3. 立体トラスは，平面トラスに比べて力学的取扱いが難しい。
4. H形鋼を使用したラーメン構造に比べて部材加工，組立てに手間がかからない。

【**問題7**】 鉄骨構造の特徴に関する記述として，**不適当なもの**はどれか。
1. 鉄筋コンクリート構造と比較して，工場加工の比率が高いので，現場作業が少ない。
2. 鉄筋コンクリートと比較して，鉄骨は高温でも強度が低下しない。
3. 鉄筋コンクリート構造と比較して，粘り強く耐震性に優れている。
4. 梁は曲げモーメントが主に作用するので，一般にH形鋼が用いられる。

【**問題8**】 鉄骨構造の接合方法に関する記述として，**不適当なもの**はどれか。
1. 普通ボルト接合は，主としてボルトのせん断により接合部材間の応力を伝達する。
2. 高力ボルト摩擦接合は，接合部材の摩擦力により部材間の応力を伝達する。
3. 完全溶込み溶接は，突き合せる部材の全断面を完全に溶接しなければならない。
4. 部分溶込み溶接は，曲げ応力，繰返し応力を受ける箇所に使用する。

【**問題9**】 鉄骨構造に使用されるボルトに関する記述として，**最も不適当な**ものはどれか。
1. 高力ボルト摩擦接合の摩擦面の黒皮を除去し，錆を発生させた。
2. マーキングを，ボルト，ナット，座金及び部材表面にわたって行った。
3. ボルトの長さを，締付け後，ナットの外に3山以上ネジ山が出るように選定した。
4. 普通ボルト接合を，大規模な建築物の構造耐力上主要な部位に使用した。

【問題1】解答 2.

解説▶【鉄筋コンクリート構造】

鉄筋コンクリート構造における各材料の分担する応力を示す。

・主筋は，**引張応力**を負担する。

・帯筋（フープ）は，**主筋**の座屈防止，ぜい性破壊の防止及びせん断応力に対する補強を行う。

・あばら筋（スターラップ）は，**梁のせん断応力**を負担する。

・コンクリートは，主として**圧縮応力**を負担する。

【問題2】解答 4.

解説▶【梁貫通孔】

梁を貫通する場合には次のように行う。

・孔径は，梁せいの1/3とする。

・孔の梁に対する上下方向の位置は，梁せいの**中心**とする。

・孔の中心位置は，柱及び直交する梁の面から梁せいの**1.2倍**離す。

・孔が並列する場合は，その中心間隔は，孔径平均の**3倍**離す。

・孔の上下方向の位置は，曲げモーメントによる**圧縮側部分**に入れない。

【問題3】解答 2.

解説▶【コンクリート】

コンクリートの性質は次のようになる。

・コンクリートの強度は，一般に，**水セメント比が小さい**ほど大きくなる。

・コンクリートは，**アルカリ性**であり，鉄筋の腐食を防ぐ働きがある。

・コンクリートと鉄筋との線膨張係数は，常温においてほぼ**同じ**である。

・コンクリートの圧縮強度は引張強度よりも**大きい**。

・コンクリートの呼び強度には**圧縮強度**が用いられる。

【問題4】解答 2.

解説▶【鉄骨鉄筋コンクリート構造】

建築基準法第2条第七号の規定に基づき，平成12年建設省告示第1399号「耐火構造の構造方法を定める件」において，次のように定められている。

「鉄筋コンクリート造,鉄骨鉄筋コンクリート造又は鉄骨コンクリート造（鉄骨に対するコンクリートの**かぶり厚さが3cm未満**のものを除く。）で間仕切壁の厚さが10cm以上のもの。」

【問題5】解答 2.

解説▶【鉄筋コンクリート構造】

耐震壁に矩形の開口部を設ける場合は，水平方向に細長い形状とすると強度

的に不利になる。

【問題6】 解答 4.
解説 ▶【トラス構造】
　鉄骨構造のトラス構造に関する特徴は次のようになる。
- トラス構造とは，**三角形**を構成するように部材を組立て，各部材に働く力が軸方向となるようにした構造である。
- トラス構造は，ラーメン構造に比べて**多くの部材**が必要で，**加工手間**がかかる。
- 立体トラス構造は，**大空間**を構成するのに適している。

【問題7】 解答 2.
解説 ▶【鉄骨構造の特徴】
　鉄骨構造の特徴は次のようになる。
- 鉄筋コンクリート構造と比較して，現場作業が少ない。
- 鉄筋コンクリート構造と比較して，粘り強く**耐震性**に優れている。
- 鋼材は，剛性の高い材料であるが，たわみ，座屈などに対する検討も必要である。
- 鉄骨は高温になると強度が低下するので，**耐火被覆**を施す。
- 梁は曲げモーメントが主に作用するので，一般に H 形鋼が用いられる。

【問題8】 解答 4.
解説 ▶【鉄骨構造の接合方法】
　部分溶込み溶接は，主としてせん断力に耐えるものとされており，曲げ応力，繰返し応力を受ける箇所に使用してはならない。

【問題9】 解答 4.
解説 ▶【ボルト】
　建築基準法施行令第 67 条に，「延べ面積が 3,000 m² を超える建築物又は軒の高さが **9 m** を超え，若しくは梁間 **13 m** を超える建築物であって，接合される鋼材が炭素鋼であるときは**高力ボルト接合**を使用しなければならない」とある。

【問題1】　配電盤・制御盤・制御装置の文字記号と用語の組合せとして，「日本電機工業会規格（JEM）」上，**誤っているもの**はどれか。

	文字記号	用語
1．	ZCT	零相変流器
2．	UVR	不足電圧継電器
3．	GCB	柱上ガス開閉器
4．	RPR	逆電力継電器

【問題2】　配電盤・制御盤・制御装置の文字記号と用語の組合せとして，「日本電機工業会規格（JEM）」上，**誤っているもの**はどれか。

	文字記号	用語
1．	DGR	地絡方向継電器
2．	VCB	真空遮断器
3．	OCR	過電流継電器
4．	VCT	真空電磁接触器

【問題3】　電気設備の制御装置の器具名称に対応する基本器具番号として，「日本電機工業会規格（JEM）」上，**誤っているもの**はどれか。

	器具名称	基本器具番号
1．	交流過電流継電器	51
2．	交流遮断器	52
3．	地絡方向継電器	67
4．	交流不足電圧継電器	80

【問題4】　電気設備の制御装置の器具名称に対応する基本器具番号として，「日本電機工業会規格（JEM）」上，**誤っているもの**はどれか。

	器具名称	基本器具番号
1．	操作スイッチ	3
2．	運転遮断器，スイッチ又は接触器	42
3．	直流不足電圧継電器	55
4．	断路器又は負荷開閉器	89

【問題5】　電気設備の制御装置の器具名称に対応する基本器具番号として，「日本電機工業会規格（JEM）」上，**誤っているもの**はどれか。

	器具名称	基本器具番号
1．	交流不足電圧継電器	27

2.　　交流過電流継電器又は地絡過電流継電器　　59

3.　　直流不足電圧継電器　　80

4.　　自動電圧調整器又は自動電圧調整継電器　　90

【問題6】計器の電気用図記号と名称の組合せとして，「日本産業規格（JIS）」上，**誤っているもの**はどれか。

図記号　名称　　図記号　名称

1.　Wh　無効電力計　　2.　n　回転計

3.　h　時間計　　4.　φ　位相計

【問題7】自動火災報知設備に用いる配線用図記号と名称の組合せとして，「日本産業規格（JIS）」上，**誤っているもの**はどれか。

図記号　名称　　図記号　名称

1.　受信機　　2.　中継器

3.　煙感知器　　4.　回路試験器

【問題8】自動火災報知設備に用いる配線用図記号と名称の組合せとして，「日本産業規格（JIS）」上，**誤っているもの**はどれか。

図記号　名称　　図記号　名称

1.　S　点検ボックス付煙感知器　　2.　定温スポット感知器

3.　R　終端抵抗器　　4.　T　差動スポット試験器

【問題9】配線用図記号と名称の組合せとして．「日本産業規格（JIS）」上，**誤っているもの**はどれか。

図記号　名称　　図記号　名称

1.　非常用照明（蛍光灯形）　2.　調光器（一般形）

3.　誘導灯（蛍光灯形）　　4.　リモコンセレクタスイッチ

【問題1】 解答 3.
解説▶【柱上ガス開閉器】
　　柱上ガス開閉器の文字記号は PGS で，ガス遮断器の文字記号は GCB である。

【問題2】 解答 4.
解説▶【真空電磁接触器】
　　VCT は計器用変圧変流器の文字記号で，真空電磁接触器の文字記号は VMC である。

【問題3】 解答 4.
解説▶【交流不足電圧継電器】
　　器具番号「80」の器具名称は「直流不足電圧継電器」で，「交流不足電圧継電器」の器具番号は「27」である。

【問題4】 解答 3.
解説▶【直流不足電圧継電器】
　　器具番号「55」の器具名称は「自動力率調整器又は力率継電器」で，「直流不足電圧継電器」の器具番号は「80」である。

【問題5】 解答 2.
解説▶【交流過電流継電器又は地絡過電流継電器】
　　器具番号「59」の器具名称は「交流過電圧継電器」で，「交流過電流継電器又は地絡過電流継電器」の器具番号は「51」である。

【問題6】 解答 1.
解説▶【無効電力計】
　　 Wh は電力量計で，無効電力計は var である。

【問題7】 解答 3.
解説▶【煙感知器】
　　 は炎感知器で，煙感知器は S である。

【問題8】 解答 3.
解説▶【終端抵抗器】
　　 R は移報器で終端抵抗器は Ω である。

設計・契約関係（その1）

【問題9】解答 1.

解説▶【非常用照明（蛍光灯形）】

は保安用又は発電用の蛍光灯で非常用照明（蛍光灯形）は

である。

主な配電盤・制御盤・制御装置の文字記号と用語

文字記号	用語	文字記号	用語
GR	地絡継電器	DGR	地絡方向継電器
OCGR	地絡過電流継電器	OVGR	地絡過電圧継電器
UVR	不足電圧継電器	OCR	過電流継電器
RPR	逆電力継電器	3ER	過負荷・欠相・反相　継電器
DSR	短絡方向継電器	UFR	不足周波数継電器
GIS	ガス絶縁開閉装置	PAS	柱上気中開閉器
VCS	真空開閉器(真空スイッチ)	PVS	柱上真空開閉器
PGS	柱上ガス開閉器	OCB	油遮断器
ACB	気中遮断器	GCB	ガス遮断器
VCB	真空遮断器	MCCB	配線用遮断器
ELCB	漏電遮断器	MC	電磁接触器
VMC	真空電磁接触器	MS	電磁開閉器
ZCT	零相変流器	VCT	計器用変圧変流器

主な電気設備の制御装置の基本器具番号に対応する器具名称

器具番号	器具名称	説　　明
3	操作スイッチ	機器を操作するもの
6	始動遮断器，スイッチ，接触器又は継電器	機械をその始動回路に接続するもの
26	静止器温度スイッチ又は継電器	変圧器，整流器等の温度が規定値以上又は以下になったとき動作するもの
27	交流不足電圧継電器	交流電圧が不足したとき動作するもの
30	機器の状態又は故障表示装置	機器の動作状態又は故障を表示するもの
37	不足電流継電器	電流が不足したとき動作するもの

42	運転遮断器，スイッチ又は接触器	機械をその運転回路に接続するもの
43	制御回路切換スイッチ，接触器又は継電器	自動から手動に移すなどのように制御回路を切換えるもの
51	交流過電流継電器又は地絡過電流継電器	交流の過電流又は地絡過電流で動作するもの
52	交流遮断器又は接触器	交流回路を遮断・開閉するもの
55	自動力率調整器又は力率継電器	力率をある範囲に調整するもの又は規定力率で動作するもの
57	自動電流調整器又は電流継電器	電流をある範囲に調整するもの又は規定電流で動作するもの
59	交流過電圧継電器	交流の過電圧で動作するもの
64	地絡過電圧継電器	地絡を電圧により検出するもの
67	交流電力方向継電器又は地絡方向継電器	交流回路の電力方向又は地絡方向によって動作するもの
72	直流遮断器又は接触器	直流回路を遮断・開閉するもの
80	直流不足電圧継電器	直流電圧が不足したとき動作するもの
84	電圧継電器	直流又は交流回路の規定電圧で動作するもの
89	断路器又は負荷開閉器	直流若しくは交流回路用断路器又は負荷開閉器
90	自動電圧調整器又は自動電圧調整継電器	電圧をある範囲に調整するもの

主な計器の電気用図記号に対応する名称

図記号	名称	図記号	名称
W	電力計	W	記録電力計
var	無効電力計	Wh	電力量計
cosφ	力率計	n	回転計
h	時間計	φ	位相計

— 130 —

主な自動火災報知設備の図記号に対応する名称

図記号	名称	図記号	名称
	差動スポット型感知器		定温スポット型感知器
	炎感知器	S	煙感知器
S	点検ボックス付煙感知器	P	P型発信器
	受信機		副受信機
B	警報ベル		表示灯
T	差動スポット試験器		中継器
Ω	終端抵抗器	R	移報器
	回路試験器		機器収容箱

主な構内電気設備の配線用図記号に対応する名称

	誘導灯（蛍光灯形）		白熱灯
	蛍光灯（天井付き）		壁付蛍光灯
	非常用照明（蛍光灯形）		保安用又は発電用の蛍光灯
	調光器（一般形）		リモコンセレクタスイッチ

合格への目安 8問中6問以上正解できること。目標時間25分。

【問題1】 請負契約に関する記述として、「公共工事標準請負契約約款」上、**定められていないもの**はどれか。
1. 発注者は、受注者に対して、下請負人の商号又は名称その他必要な事項の通知を請求することができる。
2. 現場代理人は、契約の履行に関し、工事現場に常駐し、その運営、取締りを行うほか、請負代金の請求及び受領に係る権限を行使することができる。
3. 受注者は、工事現場内に搬入した工事材料を監督員の承諾を受けないで工事現場外に搬出してはならない。
4. 発注者は、特別の理由により工期を短縮する必要があるときは、工期の短縮変更を受注者に請求することができる。

【問題2】 請負契約に関する記述として、「公共工事標準請負契約約款」上、**誤っているもの**はどれか。
1. 受注者は、監督員がその職務の執行につき著しく不適当と認められるときは、発注者に対して、その理由を明示した書面により、必要な措置をとるべきことを請求することができる。
2. 受注者は、工事の施工に当たり、設計図書の表示が明確でないことを発見したときは、その旨を直ちに監督員に通知し、その確認を請求しなければならない。
3. 発注者は、工事が完成の検査に合格し、請負代金の支払いの請求があったときは、請求を受けた日から40日以内に請負代金を支払わなければならない。
4. 受注者は、発注者が設計図書を変更したため請負代金額が3分の1以上減少したときは、契約を解除することができる。

【問題3】 請負契約に関する記述として、「公共工事標準請負契約約款」上、**定められていないもの**はどれか。
1. 受注者は、契約により生ずる権利又は義務を、発注者の承諾なしに第三者に譲渡してはならない。
2. 監督員は、設計図書で定めるところにより、受注者が作成した詳細図等の承諾の権限を有する。
3. 現場代理人、主任技術者（監理技術者）及び専門技術者は、これを兼ねることができない。
4. 発注者は、受注者が正当な理由なく、工事に着手すべき期日を過ぎても工事に着手しないときは、契約を解除することができる。

【問題4】 請負契約に関する記述として、「公共工事標準請負契約約款」上、**定められていないもの**はどれか。
1. 現場代理人は、契約の履行に関し、工事現場に常駐し、その運営、取締りを行う。
2. 受注者は、設計図書に定めるところにより、この契約の履行について発注者に報告しなければならない。

設計・契約関係（その２）

3. 監督員は，設計図書に定めるところにより，この契約の履行についての受注者の主任技術者（監理技術者）に対する指示，承諾又は協議を行う権限を有する。
4. 受注者は，監督員がその職務の執行につき著しく不適当と認められるときは，発注者に対して，その理由を明示した書面により，必要な措置をとるべきことを請求することができる。

【問題5】 請負契約に関する記述として，「公共工事標準請負契約約款」上，**誤っているもの**はどれか。ただし，請負契約には前金払及び部分払に関する規定があり，完成の検査は定められた期間内に行われたものとする。
1. 発注者は，前払金の支払いの請求があったときは，請求を受けた日から14日以内に前払金を支払わなければならない。
2. 発注者は，部分払の請求に係る出来形部分の確認を行った後，部分払の請求があったときは，請求を受けた日から40日以内に部分払金を支払わなければならない。
3. 発注者は，工事を完成した旨の通知を受けたときは，通知を受けた日から14日以内に工事の完成を確認するための検査を完了しなければならない。
4. 発注者は，工事が完成の検査に合格し，請負代金の支払の請求があったときは，請求を受けた日から40日以内に請負代金を支払わなければならない。

【問題6】 請負契約に関する記述として，「公共工事標準請負契約約款」上，**誤っているもの**はどれか。
1. 受注者は，発注者がこの契約に違反したときは，相当の期間を定めてその履行の催告をし，その期間内に履行がないときは，この契約を解除することができる。
2. 設計図書に工事材料の品質が明示されていない場合にあっては，中等の品質を有するものとする。
3. 受注者は，いかなる場合でも請負代金の全部又は一部の受領につき，第三者を代理人とすることができない。
4. 発注者は，引渡し前においても，工事目的物の全部又は一部を受注者の承諾を得て使用することができる。

【問題7】 下請負人が請け負った工事の一部を第三者に請け負わせた場合，元請負人に対して，その契約に関し遅滞なく書面をもって通知する事項として，「建設工事標準下請契約約款」上，**定められていないもの**はどれか。
1. 現場代理人及び主任技術者の氏名 　　2. 安全管理者の氏名
3. 工期 　　　　　　　　　　　　　　4. 請負代金額

【問題8】 下請負人が元請負人に対して契約締結後遅滞なく書面をもって通知する事項として，「建設工事標準下請契約約款」上，**定められていない**ものはどれか。
1. 現場代理人及び主任技術者の氏名 　　2. 雇用管理責任者の氏名
3. 安全管理者の氏名 　　　　　　　　　4. 主任電気工事士の氏名

【問題1】解答 2.

解説▶【現場代理人及び主任技術者等】

- 約款第 7 条（下請負人の通知）に，「発注者は，受注者に対して，下請負人の商号又は名称その他必要な事項の通知を請求することができる。」と規定されている。
- 約款第 10 条（現場代理人及び主任技術者等）第 2 項に，「現場代理人は，この契約の履行に関し，工事現場に常駐し，その運営，取締りを行うほか，**請負代金額の変更，請負代金の請求及び受領**，第 12 条第 1 項の請求の受理，同条第 3 項の決定及び通知並びにこの契約の解除に係る権限を**除き**，この契約に基づく受注者の一切の権限を行使することができる。」と規定されているので，請負代金の請求及び受領に係る権限を**行使することができない**。
- 約款第 13 条（工事材料の品質及び検査等）第 4 項に，「受注者は，工事現場内に搬入した工事材料を監督員の承諾を受けないで工事現場外に搬出してはならない。」と規定されている。
- 約款第 23 条（発注者の請求による工期の短縮等）第 1 項に，「発注者は，特別の理由により工期を短縮する必要があるときは，工期の短縮変更を受注者に請求することができる。」と規定されている。

【問題2】解答 4.

解説▶【受注者の催告によらない解除権】

- 約款第 12 条（工事関係者に関する措置請求）第 4 項に，「受注者は，監督員がその職務の執行につき著しく不適当と認められるときは，発注者に対して，その理由を明示した書面により，必要な措置をとるべきことを請求することができる。」と規定されている。
- 約款第 18 条（条件変更等）第 1 項に，次のように規定されている。

　　受注者は，工事の施工に当たり，次の各号のいずれかに該当する事実を発見したときは，その旨を直ちに監督員に通知し，その確認を請求しなければならない。

　一　図面，仕様書，現場説明書及び現場説明に対する質問回答書が一致しないこと（これらの優先順位が定められている場合を除く。）。

　二　設計図書に誤謬又は脱漏があること。

　三　**設計図書の表示が明確でないこと。**

　四　工事現場の形状，地質，湧水等の状態，施工上の制約等設計図書に示された自然的又は人為的な施工条件と実際の工事現場が一致しないこと。

　五　設計図書で明示されていない施工条件について予期することのできない特別な状態が生じたこと。

- 約款第 33 条（請負代金の支払い）に，次のように規定されている。

　　受注者は，前条第 2 項（同条第 6 項後段の規定により適用される場合を

含む。第3項において同じ。）の検査に合格したときは，請負代金の支払い
を請求することができる。

 2 発注者は，前項の規定による請求があったときは，請求を受けた日から40日以内に請負代金を支払わなければならない。

- 約款第52条（受注者の催告によらない解除権）第一号に次のように規定されている。

 受注者は，次の各号のいずれかに該当するときは，直ちにこの契約を解除することができる。

一 第19条の規定により設計図書を変更したため請負代金額が**3分の2**以上減少したとき。

これより，3分の1以上減少したときは，契約を解除することがでない。

【問題3】解答 3.
解説▶【現場代理人及び主任技術者等】

- 約款第5条（権利義務の譲渡等）第1項に，「受注者は，この契約により生ずる権利又は義務を第三者に譲渡し，又は承継させてはならない。ただし，あらかじめ，発注者の承諾を得た場合は，この限りでない。」と規定されている。
- 約款第9条（監督員）第2項に次のように規定されている。

 監督員は，この約款の他の条項に定めるもの及びこの約款に基づく発注者の権限とされる事項のうち発注者が必要と認めて監督員に委任したもののほか，設計図書に定めるところにより，次に掲げる権限を有する。

一 この契約の履行についての受注者又は受注者の現場代理人に対する指示，承諾又は協議

二 設計図書に基づく工事の施工のための詳細図等の作成及び交付又は受注者が作成した**詳細図等の承諾**

三 設計図書に基づく工程の管理，立会い，工事の施工状況の検査又は工事材料の試験若しくは検査（確認を含む。）

- 約款第10条（現場代理人及び主任技術者等）第5項に，「現場代理人，監理技術者等(監理技術者,監理技術者補佐又は主任技術者)及び専門技術者は，これを**兼ねることができる。**」と規定されているので，選択肢3が誤りである。
- 約款第47条（発注者の催告による解除権）第1項に次のように規定。

 発注者は，受注者が次の各号のいずれかに該当するときは相当の期間を定めてその履行の催告をし，その期間内に履行がないときはこの契約を解除することができる。ただし，その期間を経過した時における債務の不履行がこの契約及び取引上の社会通念に照らして軽微であるときは，この限りでない。

一 第5条第4項に規定する書類を提出せず，又は虚偽の記載をしてこれを提出したとき。（第一号は第5条第3項を使用しない場合は削除する。）

二 **正当な理由なく，工事に着手すべき期日を過ぎても工事に着手しないとき。**

　三　工期内に完成しないとき又は工期経過後相当の期間内に工事を完成する
　　　見込みがないと認められるとき。
　四　第10条第1項第二号に掲げる者を設置しなかったとき。
　五　正当な理由なく, 第45条第1項の履行の追完がなされないとき。
　六　前各号に掲げる場合のほか, この契約に違反したとき。

【問題4】解答 3.
解説▶【監督員】

- 約款第10条第2項に規定されている。(【問題1】解説参照)
- 約款第11条(履行報告)に規定されている。
- 約款第9条(監督員)第2項に次のように規定されている。
  2　監督員は, この約款の他の条項に定めるもの及びこの約款に基づく発
  注者の権限とされる事項のうち発注者が必要と認めて監督員に委任した
  もののほか, 設計図書に定めるところにより, 次に掲げる権限を有する。
  　一　この契約の履行についての**受注者又は受注者の現場代理人**に対する指
  　　　示, 承諾又は協議(以下略)
  とあるので, 受注者の主任技術者(監理技術者)ではない。
- 約款第12条第4項に規定されている。

【問題5】解答 2.
解説▶【部分払】

- 約款第35条(前金払及び中間前金払)第3項に, 「発注者は, 第1項の規
  定による請求があったときは, 請求を受けた日から**14日**以内に前払金を支
  払わなければならない。」と規定されている。
- 約款第38条(部分払)第5項に, 「受注者は, 第3項の規定による確認があっ
  たときは, 部分払を請求することができる。この場合においては, 発注者は,
  当該請求を受けた日から**14日**以内に部分払金を支払わなければならない。」
  と規定されているので, 40日は誤りである。
- 約款第32条(検査及び引渡し)第2項に, 「発注者は, 前項の規定による
  通知を受けたときは, 通知を受けた日から**14日**以内に受注者の立会いの上,
  設計図書に定めるところにより, 工事の完成を確認するための検査を完了し,
  当該検査の結果を受注者に通知しなければならない。この場合において, 発
  注者は, 必要があると認められるときは, その理由を受注者に通知して, 工
  事目的物を最小限度破壊して検査することができる。」と規定されている。
- 約款第33条(請負代金の支払い)第2項に, 「発注者は, 前項の規定によ
  る請求があったときは, 請求を受けた日から**40日**以内に請負代金を支払わ
  なければならない。」と規定されている。

【問題6】解答 3.
解説▶【第三者による代理受領】

- 約款第51条（受注者の催告による解除権）に，「受注者は，発注者がこの契約に違反したときは，相当の期間を定めてその履行の催告をし，その期間内に履行がないときは，この契約を解除することができる。ただし，その期間を経過した時における債務の不履行がこの契約及び取引上の社会通念に照らして軽微であるときは，この限りでない。」と規定されている。

- 約款第13条（工事材料の品質及び検査等）第1項に，「工事材料の品質については，設計図書に定めるところによる。設計図書にその品質が明示されていない場合にあっては，中等の品質を有するものとする。」と規定されている。

- 約款第43条（第三者による代理受領）第1項に，「受注者は，発注者の**承諾を得て**請負代金の全部又は一部の受領につき，**第三者を代理人とすることができる**。」とあるので，いかなる場合でもできないとあるのは誤りである。

- 約款第34条（部分使用）第1項に，「発注者は，第32条第4項又は第5項の規定による引渡し前においても，工事目的物の全部又は一部を受注者の承諾を得て使用することができる。」と規定されている。

【問題7】解答 4.
解説▶【下請負人の関係事項の通知】

約款第8条（下請負人の関係事項の通知）第1項に次のように規定されている。

　　下請負人がこの工事の全部又は一部を第三者に委任し，又は請け負わせた場合，下請負人は，元請負人に対して，その契約（省略）に関し，次の各号に掲げる事項を遅滞なく書面をもって通知する。

　三　現場代理人及び主任技術者の氏名
　五　安全管理者の氏名
　七　工期　　　　　　　　（一部省略）

とあるので「請負代金額」は規定されていない。

【問題8】解答 4.
解説▶【関係事項の通知】

約款第7条（関係事項の通知）第1項に次のように規定されている。

　　下請負人は，元請負人に対して，この工事に関し，次の各号に掲げる事項をこの契約締結後遅滞なく書面をもって通知する。

　一　現場代理人及び主任技術者の氏名
　二　雇用管理責任者の氏名
　三　安全管理者の氏名　　　　　（一部省略）

とあるので「主任電気工事士の氏名」は規定されていない。

施工管理法

合格への目安　6問中4問以上正解できること。目標時間25分。

【問題1】 施工計画に関する記述として，**最も不適当なもの**はどれか。
1. 労務工程表を，工事の規模,作業内容,資材の搬入時期等を検討し作成した。
2. 実行予算書を，工事着工前に工事費見積書を基に実行可能な数量，価格を算出して作成した。
3. 機器承諾図の内容を基に，総合施工計画書を作成した。
4. 搬入計画書を，搬入経路，揚重機の選定，運搬車両の駐車位置と待機場所などを検討して作成した。
5. 仮設計画書を，火災予防や盗難防止等を考慮して作成した。

【問題2】 施工計画の作成に関する記述として，**最も不適当なもの**はどれか。
1. 新工法や新技術は実績が少ないため採用を控え，過去の技術や実績に基づき作成する。
2. 現場担当者のみに頼ることなく，会社内の組織を活用して作成する。
3. 発注者の要求品質を確保するとともに，安全を最優先にした施工を基本とした計画とする。
4. 計画は1つでなく，複数の案を考えて比較検討し，最良の計画を採用する。
5. 図面,現場説明書及び質問回答書を確認し工事範囲や工事区分を明確にする。

【問題3】 法令に基づく申請書等に関する記述として，**最も不適当なもの**はどれか。
1. 重量機器搬入のため道路上でラフタークレーンを使用するので，道路交通法に基づく「道路使用許可申請書」を道路管理者に提出した。
2. 延面積 1500 m² の事務所ビルの新築工事において，消防法に基づく「消防用設備等設置届出書」を工事が完了した日から4日後に提出した。
3. 重油を貯蔵する地下タンクの容量が 5000 L であったので，消防法に基づく「危険物貯蔵所設置許可申請書」を提出した。
4. 工事用仮設電源として，内燃力を原動力とする出力 20 kW の移動用発電設備を使用するので，電気事業法に基づく「主任技術者選任届出書」を所轄の産業保安監督部長に提出した。
5. 受電電圧 6 kV の需要設備を設置するので，電気事業法に基づく「保安規程届出書」を所轄の産業保安監督部長に提出した。

【問題4】 仮設計画に関する記述として，**最も不適当なもの**はどれか。
1. 電圧 100 V の仮設配線は，使用期間が1年6箇月なので，ビニルケーブル（VVF）をコンクリート内に直接埋設する計画とした。
2. 工事用電気設備の建物内幹線は，工事の進捗に伴う移設や切回し等の支障

の少ない場所で立上げる計画とした。

3．工事用として出力10kWの可搬型ディーゼル発電機を使用するので，電気主任技術者を選任する計画とした。

4．仮囲いのゲート付近は，通行人・交通量が多いため交通誘導警備員を配置する計画とした。

5．仮設の低圧ケーブル配線が通路床上を横断するので，防護装置を設ける計画とした。

【問題5】作業現場の合理的な配員計画のため，図に示すネットワーク工程表を利用して山崩し図を作成する場合の記述として，**最も不適当なもの**はどれか。

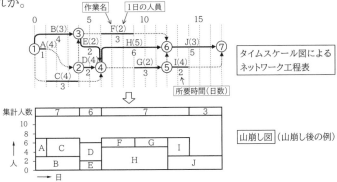

1．山積み図は，クリティカルパス上の作業を除く作業を底辺に置き作成した。

2．山積み図は，各作業の開始や完了の時点に縦線を入れ，縦線間の各作業の使用人員を集計して作成した。

3．山積み図は，最早開始時刻と最遅開始時刻の2通りについて作成した。

4．山崩し図は，各作業の作業開始日を調整し，作業者数を平均化するために行った。

5．山崩しはトータルフロートが同じ場合，作業時間が短いほうから開始した。

【問題6】図のネットワーク工程表において，所要工期として，**正しいもの**はどれか。ただし，〇内の数字はイベント番号，アルファベットは作業名，日数は所要日数を示す。

1．21日
2．24日
3．26日
4．28日
5．30日

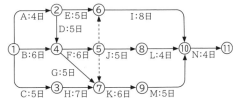

【問題1】解答3.

解説▶【総合施工計画書】

　　総合施工計画書は一番始めに作成するもので，機器承諾図は総合施工計画書の作成とは関係がない。

【問題2】解答1.

解説【施工計画の作成】

　　過去の実績も重要であるが，施工現場の特徴を考慮し新工法や新技術を採用することも重要である。

【問題3】解答1.

解説▶【道路使用許可申請】

- クレーン等を使用するための道路使用許可申請は道路交通法第77条により所轄の**警察署長許可が必要**である。電柱等を継続して施設する場合の道路占有許可申請は道路法第32条により道路管理者の許可が必要である。

- 消防法第17条の3の2，火災予防条例第58条の3に**4日以内**と定められている。

- 消防法第11条，危険物の規制に関する政令別表第3より重油が**2000 L以上**の場合，「危険物貯蔵所設置許可申請」が必要である。

- 内燃力を原動力とする出力**10 kW以上**のものは電気事業法第38条第二号及び電気事業法施行規則第48条第2項第四号より，一般用電気工作物の小規模発電設備ではなく事業用電気工作物に該当するので電気事業法第43条により，「主任技術者選任届出」が必要である。

　法：第38条（定義）「一般用電気工作物」

　　二　小規模発電設備であって，次のいずれにも該当するもの

　　　イ　出力が経済産業省令で定める出力**未満**のものであること。

　　　ロ　低圧受電電線路以外の電線路によりその構内以外の場所にある電気工作物と電気的に接続されていないものであること。

　規則：第48条（一般用電気工作物の範囲）

　　四　内燃力を原動力とする火力発電設備であって出力10 kW**未満**のもの。

　法：第43条（主任技術者）

　　事業用電気工作物を設置する者は，事業用電気工作物の工事，維持及び運用に関する保安の監督をさせるため，（略）主任技術者免状の交付を受けている者のうちから，**主任技術者を選任**しなければならない。

　　3　事業用電気工作物を設置する者は，主任技術者を選任したとき（略）は，遅滞なく，その旨を**主務大臣に届け出**なければならない。（略）

- 事業用電気工作物に該当するので電気事業法第42条に基づく「保安規程届出」が必要である。

第42条（保安規程）

　事業用電気工作物を設置する者は，事業用電気工作物の工事，維持及び運用に関する保安を確保するため，主務省令で定めるところにより，保安を一体的に確保することが必要な事業用電気工作物の組織ごとに**保安規程を定め**，当該組織における事業用電気工作物の使用（略）の開始前に，**主務大臣に届け出な**ければならない。

【問題4】解答1.

解説▶【仮設配線】

　解釈第180条（臨時配線の施設）第4項に次のように規定されている。

4　使用電圧が300V以下の屋内配線であって，その設置の工事が完了した日から**1年以内**に限り使用するものを，次の各号によりコンクリートに直接埋設して施設する場合は，第164条第2項の規定（電線を直接コンクリートに埋め込んで施設する低圧屋内配線の規定）によらないことができる。（略）

【問題5】解答1.

解説▶【山積み図と山崩し図】

- 山積み図は，クリティカルパス上の作業が底辺にくるように置いて作成する。これは，最早開始，最遅開始の場合でも作業の開始と作業の完了の時刻の変化がないためである。
- 山崩しに使用する山積み図は，最早開始時刻と最遅開始時刻の2通りについて作成する。
- 山崩しは，トータルフロートの小さい順に始める。
- 山崩しは，トータルフロートが同じ場合，作業時間の短いほうから開始する。

【問題6】解答5.

解説▶【ネットワーク工程表の所要工期】

パス	所要工期
①→②→④→⑤→⑥→⑩→⑪	4 + 5 + 6 + 0 + 8 + 4 = 27
①→②→④→⑤→⑦→⑨→⑩→⑪	**4 + 5 + 6 + 0 + 6 + 5 + 4 = 30**
①→②→④→⑤→⑧→⑩→⑪	4 + 5 + 6 + 5 + 4 + 4 = 28
①→②→⑥→⑩→⑪	4 + 5 + 8 + 4 = 21
①→③→⑦→⑨→⑩→⑪	5 + 7 + 6 + 5 + 4 = 27
①→③→⑥→⑩→⑪	6 + 6 + 0 + 8 + 4 = 24
①→④→⑤→⑦→⑨→⑩→⑪	6 + 6 + 0 + 6 + 5 + 4 = 27
①→④→⑤→⑧→⑩→⑪	6 + 6 + 5 + 4 + 4 = 25
①→④→⑦→⑨→⑩→⑪	6 + 5 + 6 + 5 + 4 = 26

これより所要工期は30日となる。

合格への目安 | 6問中4問以上正解できること。目標時間25分。

【**問題1**】 図のネットワーク工程表において，所要工期として，**正しいもの**はどれか。ただし，○内の数字はイベント番号，アルファベットは作業名，日数は所要日数を示す。

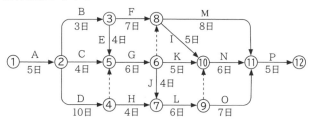

1. 31日   2. 34日   3. 37日   4. 40日   5. 43日

【**問題2**】 図に示すバーチャート工程表及び進度曲線に関する記述として，**最も不適当なもの**はどれか。

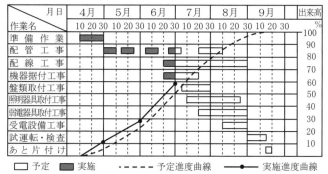

1. 6月末における全体の実施出来高は，約60％である。
2. 6月末の時点では，予定出来高に対して実施出来高が上回っている。
3. 7月は，盤類取付工事の施工期間が，他の作業よりも長くなる予定である。
4. 7月末での配線工事の施工期間は，50％を超える予定である。
5. 受電設備工事は，盤類取付工事の後に予定している。

【**問題3**】 品質管理に関する次の記述に該当する図の名称として，**適当なもの**はどれか。
「2つの特性をグラフの横軸と縦軸とし，観測値を打点して作るグラフである。2つの特性の相関関係を見るために使用する。」

1. パレート図   2. レーダーチャート   3. 特性要因図
4. 散布図   5. ヒストグラム

応用能力問題（その２）

【問題4】 図に示す品質管理に用いる管理図に関する記述として，**最も不適当なもの**はどれか。

1. 管理図は，工事の品質管理において，工程が安定状態にあるかどうかを調べるために用いられる。
2. 管理図のUCLは，上側管理限界線といい，これを超えると工程が異常である。
3. 管理図のCLは，中心線（平均値）であり，この図では管理限界に納まっている。
4. 管理図に打点した点の連続100点中60点が管理限界内にあるときは，工程が安定状態にある。
5. 管理図に打点した点の連続20点中16点が平均値以上にあるときは，工程が異常である。

【問題5】 図に示す品質管理に用いる図表に関する記述として，**不適当なもの**はどれか。

1. 図の名称は，ヒストグラムであり柱状図ともいわれている。
2. 分布のばらつきは，中心付近からはほぼ左右対称であり，一般に現れる形である。
3. 平均値とは，データの総和をデータの個数で割った値をいう。
4. 標準偏差とは，個々の測定値の平均値からの差の2乗和を（データ数−1）で割り，これを平方根に開いた値をいう。
5. 標準偏差が小さいということは，平均値から遠く離れているものが多くあるということである。

【問題6】 品質管理に関する記述として，**最も不適当なもの**はどれか。

1. 品質管理は，設計図書で要求された品質に基づく品質計画におけるすべての目標について，同じレベルで行う。
2. 品質管理は，問題発生後の検出に頼るより，問題発生の予防に力点を置くことが望ましい。
3. 作業標準を定めその作業標準通り行われているかどうかをチェックする。
4. 異常を発見したときは，原因を探し，その原因を除去する処置をとる。
5. P→D→C→Aの管理のサイクルを回していくことが，品質管理の基本となる。

【問題1】解答 5.

解説▶【最早開始時刻（ES）】

　　この問題はパスの数が多いので最早開始時刻（ES）を用いて解いてみる。あるイベントのESは，前のイベントのES＋そのパスの所要日数である。ところがイベント⑤，⑦，⑧，⑩，⑪のように複数のパスが入っている場合には最も遅い時刻がそのイベントのESとなる。これより全イベントのESを計算すると次の表のようになる。

イベント	計算の説明	ES
①	0	0
②	0＋5＝5（イベント①のES＋作業Aの所要日数）	5
③	5＋3＝8（イベント②のES＋作業Bの所要日数）	8
④	5＋10（イベント②のES＋作業Dの所要日数）	15
⑤	8＋4＝12（イベント③のES＋作業Eの所要日数） 5＋4＝9（イベント②のES＋作業Cの所要日数） 15＋0＝15（イベント④のES＋ダミー）	15
⑥	15＋6＝21（イベント⑤のES＋作業Gの所要日数）	21
⑦	15＋4＝19（イベント④のES＋作業Hの所要日数） 21＋4＝25（イベント⑥のES＋作業Jの所要日数）	25
⑧	8＋7＝15（イベント③のES＋作業Fの所要日数） 21＋0＝21（イベント⑥のES＋ダミー）	21
⑨	25＋6＝31（イベント⑦のES＋作業Lの所要日数）	31
⑩	21＋5＝26（イベント⑥のES＋作業Kの所要日数） 21＋5＝26（イベント⑧のES＋作業Iの所要日数） 31＋0＝31（イベント⑨のES＋ダミー）	31
⑪	21＋8＝29（イベント⑧のES＋作業Mの所要日数） 31＋7＝38（イベント⑨のES＋作業Oの所要日数） 31＋6＝37（イベント⑩のES＋作業Nの所要日数）	38
⑫	38＋5＝43（イベント⑪のES＋作業Pの所要日数）	43

　　イベント⑫の最早開始時刻（ES）が所要工期となるので，43日となる。

【問題2】解答 3.

解説▶【バーチャート工程表】

- 6月末における全体の実施出来高は，表より約60％である。
- 6月末の時点では，予定出来高に対して実施出来高が約10％上回っている。
- 7月は，盤類取付工事より**配線工事**の施工期間の方が**長い**。
- 7月末での配線工事の施工期間は，表より4/7（約57％）となっている。
- 表より受電設備工事は，盤類取付工事の後となっている。

【問題3】解答4.
解説▶【散布図】

散布図の説明である。

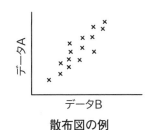

データA

データB

散布図の例

【問題4】解 答4.
解説▶【管理図】

　管理図とは，製造順序に従って供給される標本ごとに検査結果が変化する状態を図示したもので，データの時間的変化やバラツキなどを早期に発見することができる。

　管理図に打点した点の連続100点中60点が管理限界内にあるときは，**管理限界外が40点あ**ることになり明らかに**工程が異常**である。

【問題5】解答5.
解説▶【ヒストグラム（柱状図）】

　ヒストグラム（柱状図）は，データの範囲をいくつかの区間に分け，区間ごとのデータの数を柱状にして並べた図で，データのバラツキの状態が一目で分かる。一般に現れるヒストグラム形状は，中心付近からはほぼ左右対称となる。標準偏差が小さいということは，**平均値に近いもの**が多くあるということである。

【問題6】解答1.
解説▶【PDCA の管理のサイクル】

　品質管理は，品質計画におけるすべての目標について同じレベルで行うのではなく，**影響度の大小によりレベル付け**することが望ましい。

　品質管理活動において，PDCA の管理のサイクルは，図に示すように，計画（PLAN）→実施（DO）→検査（CHECK）→処置（ACTION）の４段階を経て次の新しい計画にいたる回転をくり返しつつ前進を続けていく管理サイクルである。

処置
④
計画
①

③
検査
②
実施

PDCA 管理サイクル

第32回テスト

合格への目安 9問中6問以上正解できること。目標時間25分。

【問題1】 施工計画書の作成に関する記述として，**最も不適当なもの**はどれか。
1. 工種別施工計画書を作成し，それに基づき総合施工計画書を作成した。
2. 工種別施工計画書は，施工の具体的な計画及び，工程の施工の確認内容を含めて作成した。
3. 総合施工計画書は，施工体制，仮設計画及び公害防止対策を含めて作成した。
4. 総合施工計画書は，現場担当者だけで検討することなく，会社内の組織を活用して作成した。

【問題2】 施工計画書の作成に関する記述として，**最も不適当なもの**はどれか。
1. 労務計画では，合理的かつ経済的に管理するために労務工程表を作成する。
2. 安全衛生管理計画では，安全管理体制の確立のために施工体制台帳を作成する。
3. 搬入計画書は，建築業者や関連業者と打ち合せて，工期に支障のないように作成する。
4. 施工要領書は，品質の維持向上を図り安全かつ経済的施工方法を考慮して作成する。

【問題3】 着工時の施工計画を作成する際の検討事項として，**最も重要度の低いもの**はどれか。
1. 工事範囲や工事区分を確認する。
2. 現場説明書及び質問回答書を確認する。
3. 新工法や特殊な工法などを調査する。
4. 関連業者と施工上の詳細な納まりを検討する。

【問題4】 施工要領書を作成する際の留意事項として，**最も不適当なもの**はどれか。
1. 品質の向上を図り，安全かつ経済的な施工方法を検討する。
2. 他の現場においても共通に利用できるよう一般的事項を記入する。
3. 設計図書などに明示のない部分を具体化する。
4. 作業員に施工方針や施工技術を周知するために作成する。

【問題5】 公共建築工事の設計図書間に相違がある場合，一般的に優先順位の**最も高いもの**として，適当なものはどれか。
1. 図面（設計図）
2. 標準仕様書
3. 特記仕様書
4. 現場説明書及び質問回答書

【問題6】 工種別施工計画書に記載する事項として, **最も重要度が低いもの**はどれか。

1. 一般的に周知されている施工方法に関する事項
2. 施工等の品質を確保するための品質計画に関する事項
3. 設計図書に明示されていない施工上必要な事項
4. 所定の手続きにより, 設計図書と異なる施工を行う場合の施工方法に関する事項

【問題7】 新たに設置する電気設備等の工事に係る提出書類と提出時期の組合せとして,「電気事業法」又は「消防法」上, **不適当なもの**はどれか。

提出書類	提出時期
1. 主任技術者選任届出書 (受電電圧 6 kV の需要設備の場合)	工事の開始前
2. 工事計画届出書 (受電電圧 1 万 V 以上の需要設備の場合)	工事の開始 14 日前まで
3. 工事整備対象設備等着工届出書 (自動火災報知設備の場合)	工事に着手しようとする 日の 10 日前まで
4. 消防用設備等設置届出書 (非常警報設備延べ面積 300 m² 以上の場合)	工事が完了した日から 4 日以内

【問題8】 建設工事に係る各種届出書等と届出者等の組合せとして, 法令上, **不適当なもの**はどれか。

届出書等	届出者等
1. 消防法に基づく「危険物貯蔵所設置許可申請書」	設置者
2. 道路交通法に基づく「道路使用許可申請書」	請負入
3. 電気事業法に基づく「保安規程届出書」	電気主任技術者
4. 電波法に基づく「高層建築物等工事計画届」	建築主

【問題9】 仮設計画に関する記述として, **最も不適当なもの**はどれか。

1. 仮設の配線に接続する架空つり下げ電灯を高さ 2.3 m 以上に設置したので, 電灯のガードを省略した。
2. 高さ 10 m 以上の単管足場の計画の作成に, 足場に係る工事の有資格者を参画させた。
3. 屋内に設ける仮設通路は, 高さ 1.8 m 以内に障害物がなく, 用途に応じた幅を確保した。
4. 構内の管路式の高圧地中電線路は, 長さが 15 m 以下なので電圧の表示を省略した。

【問題1】解答1.

解説▶︎【総合施工計画書】

- 総合施工計画書を作成し，それに基づき工種別施工計画書を作成する。

【問題2】解答2.

解説【安全衛生管理計画】

- 建設業法の規定により，建設工事の適正な施工を確保するため，施工体制台帳を作成し，工事現場ごとに備え置かなければならないことになっている。安全衛生管理計画とは直接関係のないものである。安全衛生管理計画は労働者の安全と健康を確保するための作業に適した環境を確保するために作成するものである。

【問題3】解答4.

解説▶︎【着工時の施工計画】

- 着工時の施工計画を作成する段階では，設計変更や工程の変更などまだ先が見えないので，関連業者と施工上の詳細な納まりを検討することは重要ではない。

【問題4】解答2.

解説▶︎【施工要領書】

- 現場ごとに作業内容や採用機器の変更などが生じるので，施工要領書を他の現場においても共通に利用できるよう一般的事項を記入することは適当ではない。設計図書などに明示のない部分を具体化することによって，品質の向上を図り，作業員に施工方針や施工技術を周知するために作成する。

【問題5】解答4.

解説▶︎【公共建築工事標準仕様書（電気設備工事編）】

- 公共建築工事標準仕様書（電気設備工事編）第1編（一般共通事項）第1章（一般事項）第1節（総則）1.1.1　適用に次のように記載されている。
  - （1）　公共建築工事標準仕様書（電気設備工事編）（以下「標準仕様書」という。）に規定されている事項は，別の定めがある場合を除き，受注者の責任において履行する。
  - （2）　全ての設計図書は，相互に補完する。ただし，設計図書間に相違がある場合の**優先順位は，**次の（ア）から（オ）までの順番のとおりとし，これにより難い場合は，1.1.8「疑義に対する協議等」による。
    - （ア）　質問回答書（（イ）から（オ）までに対するもの）
    - （イ）　現場説明書
    - （ウ）　特記仕様

　　（エ）　図面
　　（オ）　標準仕様書
以上により，**現場説明書及び質問回答書**が優先順位の最も高いものである。

【問題6】解答1.
解説▶【工種別施工計画書】
- 工種別施工計画書に記載する事項は特に作業員に周知すべき特定の事項なので，一般的に周知されている施工方法に関する事項は重要度が低い。

【問題7】解答2.
解説▶【提出書類と提出時期の組合せ】
- 電気事業法第48条（工事計画）第2項に，
  第48条　事業用電気工作物の設置又は変更の工事（前条第1項の主務省令で定めるものを除く。）であって，主務省令で定めるものをしようとする者は，その**工事の計画を主務大臣に届け出**なければならない。その工事の計画の変更(主務省令で定める軽微なものを除く。)をしようとするときも，同様とする。
  2　前項の規定による届出をした者は，その届出が受理された日から**30日を経過した後**でなければ，その届出に係る工事を開始してはならない。
  また，電気事業法施行規則第65条別表2，需要設備に**受電電圧1万V以上の需要設備の設置**とあり，これに該当する。

【問題8】解答3.
解説▶【保安規程の届出】
- 電気事業法第42条（保安規程）第1項に，
  事業用電気工作物（略）**を設置する者**は，（略）保安規程を定め，当該組織における事業用電気工作物の使用（略）の開始前に，主務大臣に届け出なければならない。
  とあるので，電気主任技術者ではなく**事業用電気工作物を設置する者**が行う。

【問題9】解答1.
解説▶【仮設計画】
- 労働安全衛生規則第330条（手持型電灯等のガード）に次のように規定されている。
  第330条　事業者は，移動電線に接続する手持型の電灯，仮設の配線又は移動電線に接続する**架空つり下げ電灯**等には，口金に接触することによる感電の危険及び電球の破損による危険を防止するため，**ガードを取り付けなければならない。**

【問題 1】 次の記述に該当する工程表の名称として，**適当なもの**はどれか。
「縦軸を建物の階層とし，システム化されたフローチャートを階段状に積み上げた工程表であり，高層ビルの繰り返し作業の工程管理に適している。」
1. タクト工程表
2. バーチャート工程表
3. ガントチャート工程表
4. ネットワーク工程表

【問題 2】 工程表の特徴に関する記述として，**最も不適当なもの**はどれか。
1. バーチャート工程表は，工程が複雑化すると作業間の関連性がわかりにくい。
2. ガントチャート工程表は，各作業の現時点における達成度がわかりにくい。
3. タクト工程表は，高層ビルなどの繰り返し作業の工程管理に適している。
4. ネットワーク工程表は，重点管理作業がわかりやすい。

【問題 3】 工程表の特徴に関する記述として，**最も不適当なもの**はどれか。
1. バーチャート工程表は，計画と実績の比較が容易である。
2. バーチャート工程表は，各作業の所要日数と日程がわかりにくい。
3. ネットワーク工程表は，一つの作業の遅れや変化が工事全体の工期にどのように影響してくるかを早く，正確に捉えることができる。
4. ガントチャート工程表は，全体工期に影響を与える作業がどれかわからない。

【問題 4】 バーチャート工程表と比較した，ネットワーク工程表の特徴に関する記述として，**最も不適当なもの**はどれか。
1. 工程の進ちょく，遅延が分り，効果的な対策時期の把握が容易である。
2. 資材，機械，器具の調達時期が不明確である。
3. 複雑な作業間の相互関係，順序関係を結びつけた手順計画である。
4. 数字の裏付けをもった信頼度の高い計画が可能である。

【問題 5】 ネットワーク工程表を用いて工程の短縮を検討する際に留意する事項として，**最も不適当なもの**はどれか。
1. 各作業の所要日数を検討せずに，全体の作業日数を短縮してはならない。
2. 直列になっている作業を並列作業に変更してはならない。
3. 機械の増加が可能であっても増加限度を超過してはならない。
4. 品質及び安全性を考慮せずに，作業日数を短縮してはならない。

【問題 6】 新築事務所ビルの電気工事において，着工時に作成する総合工程表に関する記述として**最も不適当なもの**はどれか。
1. 仕上げ工事など各種工事が輻輳する工程は，各種工事を詳細に記入する。

2．主要機器の最終承諾時期は，製作期間，搬入据付けから試験調整までの期間を見込んで記入する。

3．厳守しなければならないキーとなるイベントの日程を押さえ，計画通り進行するようマイルストーンを設定して記入する。

4．諸官庁への書類の作成を計画的に進めるため，提出予定時期を記入する。

【問題7】工程表に関する記述として，**最も不適当なもの**はどれか。

1．総合工程表は，経済的な人員配置になるように作成する。

2．工程表は，一日平均作業量と必要作業量，作業可能日数を考慮し作成する。

3．工程表は，建築工事や他の設備工事と作業順序を調整して作成する。

4．総合工程表は，作業の進ちょくを大局的に把握するために作成するものであり，仮設工事や清掃作業の項目は記載しない。

【問題8】ネットワーク工程表のクリティカルパスに関する記述として，**不適当なもの**はどれか。

1．クリティカルパスは，必ずしも1本の経路とは限らない。

2．クリティカルパス上のアクティビティのフロートは，0（ゼロ）である。

3．クリティカルパス上では，各イベントの最早開始時刻と最遅完了時刻は等しくなる。

4．クリティカルパスは，開始点から終了点までのすべての経路のうち，最も短い経路である。

【問題9】ネットワーク工程表に関する記述として，**不適当なもの**はどれか。

1．矢線は作業を示し，その長さは作業に要する時間を表す。

2．イベントに入ってくる矢線がすべて完了した後でないと，出る矢線は開始できない。

3．イベントは，作業と作業を結合する点であり，対象作業の開始点又は終了点である。

4．ダミーは，作業の相互関係を点線の矢印で表し，作業及び時間の要素は含まない。

【問題10】ネットワーク工程表に関する記述として，**不適当なもの**はどれか。

1．フリーフロートとは，作業を最早開始時刻で始め，後続する作業を最早開始時刻で始めてもなお存在する余裕時間をいう。

2．トータルフロートとは，作業を最早開始時刻で始め，最早完了時刻で完了する場合にできる余裕時間をいう。

3．フリーフロートは，トータルフロートと等しいか又は小さい。

4．トータルフロートがゼロである作業経過をクリティカルパスという。

【問題1】 解答 1.

解説▶【タクト工程表】

　　タクト工程表を示している。図1のタクト工程表は，縦軸を階層，横軸を暦日とし，システム化されたフローチャートを階段状に積み上げた工程表である。他の作業との関連性がわかりやすく，特に**繰り返しの多い工程**の管理に適している。

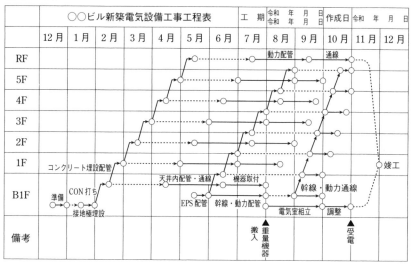

図1

【問題2】 解答 2.

解説▶【ガントチャート工程表】

　　図2に示す**ガントチャート工程表**は，工事を構成する部分作業や部分工事を，横軸に各作業などの完了時点を **100〔%〕** として，現在の達成度を棒グラフで表したものである。これにより作業別の**現在の達成度がわかりやすい**が，全体工期はもちろん，作業別の所要日数も把握できない欠点がある。

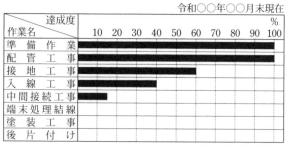

図2

【問題3】解答 2.
解説▶【バーチャート工程表】
　バーチャート工程表は，**各作業の所要日数と日程がわかりやすい**。（図は P144 第31回テストの【問題2】を参照のこと）

【問題4】解答 2.
解説▶【ネットワーク工程表】
　ネットワーク工程表は**資材，機械，器具の調達時期が明確**である。（図は P144 第31回テストの【問題1】を参照のこと）

【問題5】解答 2.
解説▶【工程の短縮】
　工程の短縮には，直列になっている作業を並列作業に変更することは重要である。

【問題6】解答 1.
解説▶【総合工程表に記載する事項】
　仕上げ工事など各種工事が輻輳する工程は，**週間及び月間工程表**に記載するものである。

【問題7】解答 4.
解説▶【総合工程表に記載する事項】
　総合工程表は，工事全体の作業の進ちょくを大局的に把握するために作成するものであり，総合工程表は仮設工事から始まり，清掃作業，引渡しまで**全工事の概要**が示されている。

【問題8】解答 4.
解説▶【クリティカルパスの性質】
　クリティカルパスは，開始点から終了点までのすべての経路のうち，**最も長い経路**である。

【問題9】解答 1.
解説▶【ネットワーク工程表の矢線】
　矢線は作業の進行方向を示し，長さと作業に要する時間は関係がない。

【問題10】解答 2.
解説▶【トータルフロートの定義】
　トータルフロートとは，作業を**最早開始時刻**で始め，**最遅完了時刻**で完了する場合にできる余裕時間をいう。

【問題1】 工程管理に関する記述として，**最も不適当なもの**はどれか。
1. 採算速度とは，損益分岐点の施工出来高以上の施工出来高をあげるときの施工速度をいう。
2. 作業工程を速くすると品質は低下しがちで，品質の良いものを望めば原価は高くなる。
3. 変動原価は，出来高に比例して大きくなる費用のことである。
4. 間接工事費は，一般に施工速度を遅くするほど安くなる。

【問題2】 工程管理に関する記述として，**最も不適当なもの**はどれか。
1. 間接工事費は，完成が早まれば高くなる。
2. 直接工事費は，工期を短縮すれば高くなる。
3. 採算速度とは，損益分岐点の施工出来高以上の施工出来高をあげるときの施工速度をいう。
4. 経済速度とは，直接工事費と間接工事費を合わせた工事費が最小となるときの施工速度をいう。

【問題3】 進捗度曲線（Sチャート）を用いた工程管理に関する記述として，**最も不適当なもの**はどれか。
1. 標準的な工事の進捗度は，工期の初期と後期では早く，中間では遅くなる。
2. 予定進捗度曲線は，労働力等の平均施工速度を基礎として作成される。
3. 実施累積値が計画累積値の下側にある場合は，工程に遅れが生じている。
4. 実施進捗度を管理するため，上方許容限界曲線と下方許容限界曲線を設ける。

【問題4】 工事の，施工速度と品質に対する，工事原価の一般的な関係を示す図として，**最も適当なもの**はどれか。

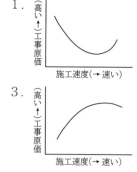

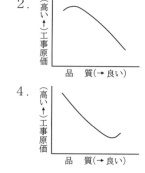

工程管理（その2）

【問題5】 工程管理における施工速度に関する記述として，**最も不適当なも**のはどれか。

1. 直接工事費は，一般に施工速度を速め突貫工事にすると安くなる。
2. 施工速度が早まり経済速度を超えると，品質や安全性の低下につながりやすい。
3. 工事費が最小となる最も経済的な施工速度が経済速度である。
4. 間接工事費は，一般に施工速度を遅くすると高くなる。

【問題6】 図に示す利益図表において，ア～ウに当てはまる語句の組合せとして，**適当なもの**はどれか。

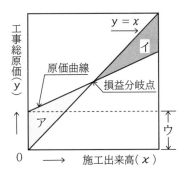

	アの領域	イの領域	ウの領域
1.	利益	損失	固定原価
2.	利益	損失	変動原価
3.	損失	利益	固定原価
4.	損失	利益	変動原価

【問題7】 図に示す利益図表において，施工出来高 x_1 が x_0 より大きいとき，ア～ウに当てはまる語句の組合せとして，**適当なもの**はどれか。

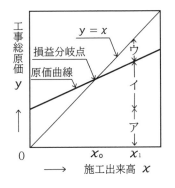

	ア	イ	ウ
1.	固定原価	変動原価	利益
2.	固定原価	変動原価	損失
3.	変動原価	固定原価	利益
4.	変動原価	固定原価	損失

【問題1】 解答 4.

解説▶【間接工事費と施工速度】

　図1のように，間接工事費は，一般に施工速度を**早く**するほど安くなる。

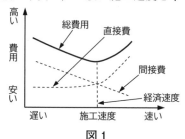

図1

　工期が短縮され**突貫工事**となった場合は，一般に**直接工事費**は**増加**する。施工を急いで**施工速度**が**経済速度**を超えると，一般に**品質**は**低下**し，**コストは上昇**するようになる。施工の各段階は，契約条件に基づき，能率的に，経済的に，かつ安全に計画管理しなければならない。工程管理は工期を守るというだけではなく，**経済的な施工速度**を考え，**適正な利潤**を得て最大な**生産効果**を上げることが目的である。

【問題2】 解答 1.

解説▶【間接工事費と施工速度】

　図1より，間接工事費は，施工速度を早くし完成が早まれば**安く**なる。

【問題3】 解答 1.

解説▶【進捗度曲線】

　進捗度曲線とは**出来高**と**工期**をグラフ化したもので，過去の工事実績をもとに確率分布を考慮して，作成した曲線で**Sチャート**ともいわれる。進捗度曲線が二つの限界曲線の内にある場合は，**許容安全内**であるが，進捗度曲線が**上方許容限界曲線**を超えると，**工程に無理**，無駄を生じる場合が多くなり，**下方許容限界曲線**を超えると**工程は危機的状態**にあるといえる。

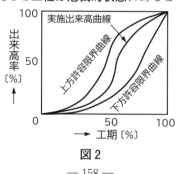

図2

　図2より，標準的な工事の進捗度は，工期の初期と後期では**遅く**，中間では**早く**なる。

【問題4】解答 1.
解説▶【施工速度と工事原価及び品質の関係】
　図3から分かるように，工事原価は，施工速度が遅くても速くても高くなる。
図3より品質を良くすると工事原価は高くなる。

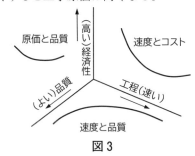

図3

【問題5】解答 1.
解説▶【直接工事費と施工速度】
　図1より，直接工事費は，一般に施工速度を速め突貫工事にすると**高く**なる。

【問題6】解答 3.
解説▶【利益図表】
　図4の利益図表において，施工出来高が三角形234の領域内に有れば利益
となり，三角形012の領域内に有れば損失となる。

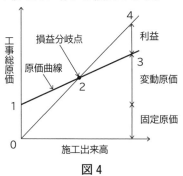

図4

【問題7】解答 1.
解説▶【利益図表】
　図4よりアは固定原価，イは変動原価，ウは利益である。

第35回テスト

【問題1】 接地抵抗試験に関する記述として，「電気設備の技術基準とその解釈」上，**誤っているもの**はどれか。

1. 高圧の変圧器から供給される，使用電圧400Vの電動機の鉄台に施す接地工事の接地抵抗値が10Ωであったので，良と判断した。
2. 高圧の変圧器から供給される，単相3線式100/200Vの分電盤の金属製外箱に施す接地工事の接地抵抗値が30Ωであったので良と判断した。
3. 特別高圧計器用変成器の二次側電路に施す接地工事の接地抵抗値が10Ωであったので，良と判断した。
4. 特別高圧の電路に施設する避雷器に施す接地工事の接地抵抗値が30Ωであったので，良と判断した。

【問題2】 公称電圧6,600Vの交流電路に使用する高圧ケーブルの絶縁性能の試験（絶縁耐力試験）に関する記述として，「電気設備の技術基準とその解釈」上，**不適当なもの**はどれか。

1. 交流試験電圧は，最大使用電圧の1.5倍とした
2. 直流試験電圧は，最大使用電圧の2.0倍とした。
3. 所定の交流試験電圧を，連続して10分間印加した。
4. 所定の直流試験電圧を，連続して10分間印加した。

【問題3】 高圧受電設備の絶縁耐力試験に関する記述として，**最も不適当な**ものはどれか。

1. 試験実施の前後に絶縁抵抗測定を行い，絶縁抵抗が規定値以上であることを確認した。
2. 試験実施の前に，計器用変成器の二次側の接地を外していることを確認した。
3. 試験電圧の半分ぐらいまでは徐々に昇圧し，検電器で機器に電圧が印加されていることを確認したのち，試験電圧まで昇圧した。
4. 試験終了後，電圧を零に降圧して電源を切り，検電して無電圧であることを確認してから接地し，残留電荷を放電した。

【問題4】 事務室における照度測定方法に関する記述として，「日本産業規格（JIS）」上，**誤っているもの**はどれか。

1. 机等がなく特に指定がなかったので，床上80cmの位置を測定面とした。
2. 基準・規定の適合性評価などにおける，照度値の信頼性が要求される照度測定なので，一般形A級照度計を使用した。
3. 測定対象以外の外光の影響があり，その影響を除外して照度測定を行った。
4. 放電灯は30分間点灯させたのち照度測定を開始した。

【問題5】 工場立会検査に関する記述として，**最も不適当なもの**はどれか。
　1．現場代理人が任命した検査員は，検査結果などを検査記録に記載しなければならない。
　2．照明器具などのメーカ標準品については，工場立会検査の対象としなくてもよい。
　3．メーカが事前に行った社内検査の試験成績書は，工場立会検査の検査資料として使用できない。
　4．工場立会検査に使用する測定機器は，校正成績書等によりトレーサビリティがとれたものとする。

【問題6】 品質管理に用いる特性要因図に関する記述として，**最も不適当なもの**はどれか。
　1．原因を追究して対策を立てるために作成する。
　2．データのばらつきの状態が分かりやすい。
　3．多くの関係者から意見を抽出し作成する。
　4．図の形から魚の骨とも呼ばれる。

【問題7】 品質管理に関する次の記述に該当する図の名称として，**適当なもの**はどれか。
　「不良品等の発生個数や損失金額等を原因別に分類し，大きい順に左から並べて棒グラフとし，さらにこれらの大きさを順次累積した折れ線グラフで表した図」
　1．管理図　　　2．散布図　　　3．パレート図　　　4．ヒストグラム

【問題8】 ISO9000の品質マネジメントシステムに関する次の記述に該当する用語として，「日本産業規格（JIS）」上，**正しいもの**はどれか。
　「当初の要求事項とは異なる要求事項に適合するように，不適合となった製品又はサービスの等級を変更すること。」
　1．再格付け　　　2．手直し　　　3．是正処置　　　4．リリース

【問題9】 ISO9000の品質マネジメントシステムに関する次の記述に該当する用語として，「日本産業規格（JIS）」上，**正しいもの**はどれか。
　「設定された目標を達成するための対象の適切性，妥当性又は有効性の確定」
　1．レビュー　　　2．プロセス　　　3．是正処置　　　4．継続的改善

【問題10】 ISO 9000の品質マネジメントシステムに関する次の文章に該当する用語として，「日本産業規格（JIS）」上，**正しいもの**はどれか。
　「考慮の対象となっているものの履歴，適用又は所在を追跡できること。」
　1．継続的改善　　　2．是正処置　　　3．トレーサビリティ　　　4．レビュー

【問題1】 解答 4.

解説▶【接地抵抗試験】

- C種接地工事なので **10 Ω以下**であればよい。
- D種接地工事なので **100 Ω以下**であればよい。
- A種接地工事なので **10 Ω以下**であればよい。
- A種接地工事なので **10 Ω以下でなければならない。**

【問題2】 解答 2.

解説▶【絶縁耐力試験】

- 直流試験電圧は，**交流試験電圧**の2.0倍としなければならない。

【問題3】 解答 2.

解説▶【絶縁耐力試験】

- 使用機材の外箱や計器用変成器の二次側が**接地**してあることを確認する。

【問題4】 解答 2.

解説▶【照度測定方法】

- 照度値の信頼性が要求される照度測定には**一般形 AA 級照度計**を使用する。

【問題5】 解答 3.

解説▶【工場立会検査】

- メーカが事前に行った社内検査の試験成績書は，**検査資料として使用**できる。

【問題6】 解答 2.

解説▶【特性要因図】

- データのバラツキが分からない。バラツキには散布図を使用する。図のように，問題としている**特性**（結果）と，それに影響を及ぼしている**要因**（原因）の関係を体系的に整理したものである。この図の形が魚の骨に似ていることから「魚の骨」とも呼ばれる。不良品や故障などの**原因**を深く追究し，発見するのに役立つ手法となる。

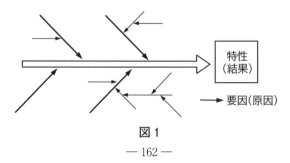

図1

【問題7】 解答 3.
解説▶【パレート図】

　　パレート図の説明である。図2に示すパレート図とは不良品・欠点・故障などの**発生個数**を現象や原因別に分類し，それを**大きい順**に並べ，それを棒グラフとし，更に，これらの大きさを順次累積し，**折れ線グラフ**で表した図をいう。不良品や故障などの現象のうち，もっとも重大な項目を発見するときに役立つ。

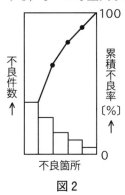

図2

【問題8】 解答 1.
解説▶【再格付け】

- 再格付けの定義である。
- **手直し**とは，「要求事項に適合させるための，不適合となった製品又はサービスに対してとる処置」と定義されている。
- **是正処置**とは，「不適合の原因を除去し，再発を防止するための処置」と定義されている。
- **リリース**とは，「プロセスの次の段階，又は次のプロセスに進むことを認めること」と定義されている。

【問題9】 解答 1.
解説▶【レビュー】

- レビューの定義である。
- **プロセス**とは，「インプットを使用して意図した結果を生み出す，相互に関連する又は相互に作用する一連の活動」と定義されている。
- **継続的改善**とは，「パフォーマンスを向上するために繰り返し行われる活動」と定義されている。

【問題10】 解答 3.
解説▶【トレーサビリティ】

- トレーサビリティの定義である。

合格への目安 8問中6問以上正解できること。目標時間25分。

【問題1】 高圧活線近接作業に関する記述として,「労働安全衛生法」上,**誤っているもの**はどれか。

1. 高圧の充電電路に対して,頭上距離 30 cm 以内に接近して行う作業は,高圧活線近接作業である。
2. 高圧の充電電路に対して,躯(く)側距離又は足下距離 60 cm 以内に接近して行う作業は,高圧活線近接作業である。
3. 高圧の充電電路への接触による感電のおそれがない場合であっても,事業者から命じられたときは,絶縁用保護具を着用しなければならない。
4. 感電の危険が生ずるおそれのある場所で作業を行う場合に,作業指揮者を置くときは,当該充電電路の絶縁用防具を装着しなくてもよい。

【問題2】 電気による危険の防止に関する記述として,「労働安全衛生法」上,**誤っているもの**はどれか。

1. 電気機械器具の充電部分に感電を防止するために設ける囲い及び絶縁覆いは,毎月1回損傷の有無を点検した。
2. 高圧電路の停電作業に使用する短絡接地器具は,その日の使用を開始する前に取付金具及び接地導線の損傷の有無を点検した。
3. 高圧活線作業に使用する絶縁用防具は,その日の使用を開始する前に損傷の有無及び乾燥状態を点検した。
4. 対地電圧が 150 V を超える,常時使用する移動式の電動機械器具を接続する電路の感電防止用漏電しゃ断装置は,毎月1回作動状態を点検した。

【問題3】 停電作業を行う場合の措置として,「労働安全衛生法」上,**誤っているもの**はどれか。

1. 電路が無負荷であることを確認したのち,高圧の電路の断路器を開路した。
2. 開路した電路に電力コンデンサが接続されていたので,残留電荷を放電した。
3. 開路した高圧の電路の停電を検電器具で確認したので,短絡接地を省略した。
4. 開路に用いた開閉器に作業中施錠したので,監視人を置くことを省略した。

【問題4】 高圧活線近接作業に用いる絶縁用保護具の定期自主検査を行ったとき,その事項を記録し,3年間保存しなければならないものとして,「労働安全衛生法」上,**定められていないもの**はどれか。

1. 検査の結果に基づいて補修等の措置を講じたときは,その内容
2. 検査標章を貼り付けた年月
3. 検査を実施した者の氏名
4. 検査方法

安全管理（その1）

【問題5】 高所作業車に関する記述として，「労働安全衛生法」上，**誤って
いるもの**はどれか。ただし，高所作業車は，継続して使用しているもの
とし，道路上の走行の作業を除く。
 1. 事業者は，高所作業車を用いて作業を行うときは，あらかじめ，当該作業
  に係る場所の状況，当該高所作業車の種類及び能力等に適応する作業計画を
  定めなければならない。
 2. 事業者は，高所作業車を用いて作業を行うときは，その日の作業を開始す
  る前に，制動装置，操作装置及び作業装置の機能について点検を行わなけれ
  ばならない。
 3. 事業者は，高所作業車の作業床の高さが10 m以上の運転の業務に労働者
  を就かせるときは，当該業務に関する特別の教育を受けた者でなければ，就
  かせてはならない。
 4. 事業者は，高所作業車については，1年以内ごとに1回，定期に，自主検
  査を行わなければならない。

【問題6】 高所作業車に関する記述として，「労働安全衛生法」上，**誤ってい
るもの**はどれか。高所作業車は6箇月以上継続使用しているものとする。
 1. 高所作業車を用いて作業するときは，作業の指揮者を定め，その者に作業
  の指揮を行わせなければならない。
 2. 高所作業車を用いて作業するときは，乗車席及び作業床以外の箇所に労働
  者を乗せてはならない。
 3. 高所作業車の安全装置の異常の有無等については，3箇月以内ごとに1回，
  定期に自主検査を行わなければならない。
 4. 高所作業車の自主検査を行ったときは，その検査の結果等を記録し，3年
  間保存しなければならない。

【問題7】 高所作業車の定期自主検査を行ったとき，記録し3年間保存しな
ければならない事項として，「労働安全衛生法」上，**定められていないも
の**はどれか。
 1. 検査方法　 2. 検査を実施した者の氏名　 3. 検査標章をはり付けた年月
 4. 検査の結果に基づいて補修等の措置を講じたときは，その内容

【問題8】 墜落等による危険を防止するために，事業者が講ずべき措置に関
する記述として，「労働安全衛生法」上，**誤っているもの**はどれか。
 1. 脚立は，脚と水平面との角度が75度のものを使用した。
 2. 昇降用の移動はしごは，幅が30 cmのものを使用した。
 3. 踏み抜きの危険のある屋根上には，幅が20 cmの歩み板を設けた。
 4. 作業場所の高さが2 mなので，作業床を設けた。

【問題 1】解答 4.

解説▶【高圧活線近接作業】

労働安全衛生規則第 342 条に次のように規定されている。

第 342 条 事業者は，電路又はその支持物の敷設，点検，修理，塗装等の電気工事の作業を行なう場合において，当該作業に従事する労働者が高圧の充電電路に接触し，又は当該充電電路に対して**頭上距離が 30 cm 以内**又は躯（く）側距離若しくは**足下距離が 60 cm 以内**に接近することにより**感電の危険が生ずるおそれのあるとき**は，当該充電電路に**絶縁用防具を装着**しなければならない。（略）

2 労働者は，前項の作業において，絶縁用防具の装着又は絶縁用保護具の着用を**事業者から命じられたとき**は，これを装着し，又は着用しなければならない。

【問題 2】解答 4.

解説▶【電気機械器具等の使用前点検等】

労働安全衛生規則第 352 条に，「**その日の使用を開始する前に**当該電気機械器具等の種別に応じ，それぞれ同表の下欄に掲げる点検事項について点検し，異常を認めたときは，直ちに，補修し，又は取り換えなければならない。」とあるので誤りである。

【問題 3】解答 3.

解説▶【停電作業を行う場合の措置】

労働安全衛生規則第 339 条第 1 項第三号に次のように規定されている。

三 開路した電路が高圧又は特別高圧であったものについては，検電器具により停電を確認し，**かつ，**誤通電，他の電路との混触又は他の電路からの誘導による感電の危険を防止するため，短絡接地器具を用いて**確実に短絡接地すること。**

【問題 4】解答 2.

解説▶【定期自主検査の記録項目】

労働安全衛生規則第 351 条第 4 項に次のように規定されている。

4 事業者は，第 1 項又は第 2 項の自主検査を行ったときは，次の事項を記録し，これを 3 年間保存しなければならない。

一 検査年月日

二 検査方法

三 検査箇所

四 検査の結果

五 検査を実施した者の氏名

六 検査の結果に基づいて補修等の措置を講じたときは，その内容

【問題5】解答 3.
解説▶【特別教育を必要とする業務】

　労働安全衛生規則第36条十の五号に**特別教育**を必要とする業務として，

　**十の五　作業床の高さ（令第10条第四号の作業床の高さをいう。）が10m
　未満の高所作業車（令第10条第四号の高所作業車をいう。以下同じ。）
　の運転（道路上を走行させる運転を除く。）の業務**

とある。**10m以上の運転**の業務には**技能講習**が必要である。

【問題6】解答 3.
解説▶【高所作業車の自主検査】

　労働安全衛生規則第194条の24に次のように規定されている。

　第194条の24　事業者は，高所作業車については，**1月以内ごとに一回**，定期に，
　次の事項について自主検査を行わなければならない。ただし，1月を超える
　期間使用しない高所作業車の当該使用しない期間においては，この限りでな
　い。
　一　制動装置，クラッチ及び操作装置の異常の有無
　二　作業装置及び油圧装置の異常の有無
　三　安全装置の異常の有無

【問題7】解答 3.
解説▶【高所作業車の自主検査の記載事項】

　労働安全衛生規則第194条の25に次のように規定されている。

　第194条の25　事業者は，前2条の自主検査を行ったときは，次の事項を記
　録し，これを3年間保存しなければならない。
　一　検査年月日
　二　検査方法
　三　検査箇所
　四　検査の結果
　五　検査を実施した者の氏名
　六　検査の結果に基づいて補修等の措置を講じたときは，その内容

【問題8】解答 3.
解説▶【墜落等による危険を防止するための措置】

　労働安全衛生規則第524条に次のように規定されている。

　第524条　事業者は，スレート，木毛板等の材料でふかれた屋根の上で作業
　を行なう場合において，踏み抜きにより労働者に危険を及ぼすおそれのある
　ときは，幅が**30cm以上**の歩み板を設け，防網を張る等踏み抜きによる労
　働者の危険を防止するための措置を講じなければならない。

【問題1】酸素欠乏危険作業に関する記述として,「労働安全衛生法」上, **誤っ
ているもの**はどれか。

 1. 酸素欠乏危険場所に労働者を入場及び退場させるときに, 人員の点検を行った。
 2. 第二種酸素欠乏危険場所において, その日の作業を開始する前に空気中の
  酸素及び硫化水素の濃度を測定した。
 3. 地下に敷設されたケーブルを収容するマンホール内部での作業は, 第一種
  酸素欠乏危険作業である。
 4. 作業を行うにあたり, 当該現場で実施する特別の教育を修了した者のうち
  から, 酸素欠乏危険作業主任者を選任した。

【問題2】 建設工事現場における安全管理に関する記述として,「労働安全
衛生法」上, **誤っているもの**はどれか。

 1. 機械間又はこれと他の設備との間に設ける通路を, 幅80 cmとした。
 2. 屋内に設ける通路は, つまずき, すべり, 踏抜き等の危険のない状態を保
  持した。
 3. 屋内に設ける通路には, 通路面から高さ1.5 m以内に障害物がないよう
  にした。
 4. 作業場に通ずる場所及び作業場内には安全な通路を設け, 通路で主要なも
  のには, 通路であることを示す表示をした。

【問題3】 建設工事に使用する架設通路に関する次の記述のうち, [   ]に当
てはまる語句の組合せとして,「労働安全衛生法」上, **正しいもの**はどれか。
「架設通路の勾配は, [ア]以下とすること。ただし, 階段を設けたもの又は
高さが2 m未満で丈夫な手掛を設けたものはこの限りでない。また, 勾配が
[イ]を超えるものには, 踏桟その他の滑止めを設けること。」

	ア	イ		ア	イ
1.	30度	15度	2.	30度	20度
3.	40度	15度	4.	40度	20度

【問題4】 建設業において, 事業者が新たに職務につくこととなった職長に
対して行わなければならない安全又は衛生のための教育として,「労働安
全衛生法」上, **定められていないもの**はどれか。

 1. 労働者に対する災害補償の方法に関すること。
 2. 作業方法の決定及び労働者の配置に関すること。
 3. 労働者に対する指導又は監督の方法に関すること。
 4. 作業行動その他業務に起因する危険性又は有害性等の調査に関すること。

【問題5】 建設現場において，作業主任者を選任すべき作業として，「労働安全衛生法」上，**定められていないもの**はどれか。
1．石綿を取り扱う作業
2．掘削面の高さが2mの地山の掘削の作業
3．高さが4mの構造の足場の組立ての作業
4．アセチレン溶接装置を用いて行う金属の溶接の作業

【問題6】 建設現場において，特別教育を修了した者が就業できる業務として，「労働安全衛生法」上，**誤っているもの**はどれか。ただし，道路上を走行する運転を除く。
1．作業床の高さが10m未満の高所作業車の運転
2．最大荷重が1t未満のフォークリフトの運転
3．高圧の充電電路やその支持物の敷設及び点検
4．可燃性ガス及び酸素を用いて行う金属の溶接

【問題7】 建設現場において，特別教育を修了した者が就業できる業務として，「労働安全衛生法」上，**誤っているもの**はどれか。ただし，道路上を走行する運転を除く。
1．研削といしの取替えと試運転
2．高圧の充電電路の点検と操作
3．つり上げ荷重が2tのクレーンの玉掛け作業
4．床の高さが8mの高所作業車の運転

【問題8】 明り掘削の作業における，労働者の危険を防止するための措置に関する記述として，「労働安全衛生法」上，**誤っているもの**はどれか。
1．掘削作業によりガス導管が露出したので，つり防護を行った。
2．要求性能墜落制止用器具及び保護帽の使用状況について，地山の掘削作業主任者が監視した。
3．砂からなる地山を手掘りで掘削するので，掘削面の勾配を35度とした。
4．土止め支保工を設けたので，14日ごとに点検を行い異常を認めたときは直ちに補修した。

【問題9】 吊り上げ荷重が5tの移動式クレーンを使用して，変圧器等を荷下ろしする場合，クレーン運転と玉掛け作業に必要な資格として，「労働安全衛生法」上，**正しいもの**はどれか。

	移動式クレーン運転	玉掛け作業		移動式クレーン運転	玉掛け作業
1．	免許	特別教育	2．	免許	技能講習
3．	技能講習	特別教育	4．	技能講習	技能講習

【問題1】 解答 4.

解説▶【酸素欠乏症等防止規則】

　　酸素欠乏症等防止規則第11条に，

　第11条　事業者は，酸素欠乏危険作業については，第一種酸素欠乏危険作業にあっては**酸素欠乏危険作業主任者技能講習**（略）を修了した者のうちから，（略）酸素欠乏危険作業主任者を選任しなければならない。〈第二種酸素欠乏危険作業についても当該の技能講習修了者からの選任となる。〉

　とあるので，**技能講習が必要であり4が誤っているもの**である。

【問題2】 解答 3.

解説▶【屋内に設ける通路】

　　労働安全衛生規則第542条に，

　第542条　事業者は，屋内に設ける通路については，次に定めるところによらなければならない。

　　一　用途に応じた幅を有すること。

　　二　通路面は，つまずき，すべり，踏抜等の危険のない状態に保持すること。

　　三　通路面から高さ**1.8 m以内**に障害物を置かないこと。

　とあるので，**3が誤っているもの**である。

【問題3】 解答 1.

解説▶【架設通路】

　　労働安全衛生規則第552条に，

　第552条　事業者は，架設通路については，次に定めるところに適合したものでなければ使用してはならない。

　　一　丈夫な構造とすること。

　　二　勾配は，**30度以下**とすること。ただし，階段を設けたもの又は高さが2 m未満で丈夫な手掛を設けたものはこの限りでない。

　　三　勾配が**15度**を超えるものには，踏桟その他の滑止めを設けること。

　　（以下略）

　とあるので，**1が正しいもの**である。

【問題4】 解答 1.

解説▶【職長教育】

　　労働安全衛生法第60条に新たに職長になった者の教育として，

　　一　作業方法の決定及び労働者の配置に関すること。

　　二　労働者に対する指導又は監督の方法に関すること。

　が規定されており，労働安全衛生規則第40条に，「危険性又は有害性等の調査及びその結果に基づき講ずる措置に関すること。」とあるので，1が定めら

れていない。

【問題5】解答 3.
解説▶【作業主任者の選任】
　　労働安全衛生法施行令第 6 条に，「十五　つり足場（ゴンドラのつり足場を除く。以下同じ。），張出し足場又は**高さが 5 m 以上の構造の足場の組立て，解体又は変更の作業**」とあるので，3 が定められていない。

【問題6】解答 4.
解説▶【技能講習が必要な業務】
　　労働安全衛生法第 61 条（就業制限）及び労働安全衛生法施行令第 20 条（就業制限に係る業務）に，「十　**可燃性ガス及び酸素を用いて行なう金属の溶接，溶断又は加熱の業務**」とあり，特別教育ではなく**技能講習が必要**となるので，4 が誤っているものである。

【問題7】解答 3.
解説▶【技能講習が必要な業務】
　　労働安全衛生法第 61 条（就業制限）及び労働安全衛生法施行令第 20 条（就業制限に係る業務）に，「十六　制限荷重が 1 トン以上の揚貨装置又はつり上げ荷重が **1 トン以上**のクレーン，移動式クレーン若しくはデリックの玉掛けの業務」とあるので，**技能講習が必要**となり，3 が誤っているものである。

【問題8】解答 4.
解説▶【土止め支保工の点検】
　　労働安全衛生規則第 373 条に，
　第 373 条（点検）事業者は，土止め支保工を設けたときは，その後 **7 日をこえない期間**ごと（略），異常を認めたときは，直ちに，補強し，又は補修しなければならない。
とあるので，4 が誤っているものである。

【問題9】解答 2.
解説▶【クレーン運転と玉掛け作業に必要な資格】
　　クレーン運転と玉掛け作業に必要な資格は，労働安全衛生法第 59 条第 3 項，同法第 61 条，労働安全衛生法施行令第 20 条，労働安全衛生規則第 36 条及びクレーン等安全規則第 68 条に規定されている。

【問題1】 汽力発電設備の発電機据付工事に関する記述として，**最も不適当なもの**はどれか。

1. 発電機は，工場において組み立てて試験運転を行ったのち，固定子と回転子及び付属品に分けて現場に搬入した。
2. エンドカバーベアリング及び軸密封装置を取り付けたのち，固定子に回転子を挿入し，冷却系の配管等の付属品を取り付けた。
3. 水素冷却タービン発電機及び付属配管の漏れ検査には，不活性ガスを使用した。
4. 発電機の据付工事は，固定子の据付，回転子の挿入，発電機付属品の組立据付，配管の漏れ検査の順で行った。

【問題2】 水力発電所の有水試験として，**最も関係のないもの**はどれか。

1. 通水検査として，導水路，水槽及び水圧鉄管に充水し，漏水などの異常がないことを確認した。
2. 水車関係機器の単体動作試験として，圧油装置の調整後，調速機によるガイドベーンの開閉の動作を確認した。
3. 発電機特性試験として，発電機を定格速度で運転し，電圧調整試験を実施後，無負荷飽和特性，三相短絡特性など諸特性の測定を行った。
4. 非常停止試験として，発電機の一定負荷運転時に，非常停止用保護継電器のひとつを動作させ，所定の順序で水車が停止することを確認した。

【問題3】 屋内に設置するディーゼル機関を用いた自家発電設備の施工に関する記述として，「消防法」上，**不適当なもの**はどれか。ただし，自家発電設備はキュービクル式以外のものとする。

1. 自家発電装置に組み込まない操作盤の前面には，幅1mの空地を確保した。
2. 自家発電装置の周囲には，幅0.6mの空地を確保した。
3. 予熱する方式の原動機なので，原動機と燃料小出漕の間隔を2mとした。
4. 燃料小出漕の通気管の先端は，屋外に突き出して建築物の開口部から0.8m離した。

【問題4】 自家用発電設備の耐震施工に関する記述として，**最も不適当なもの**はどれか。

1. 防振ゴムを用いたので，発電装置の移動又は転倒防止のため，ストッパを設けた。
2. 発電装置に接続する部分の燃料管には，振動による変位に耐え得るように可とう性をもたせた。

3．燃料管の壁貫通部には可とう管を用い，可とう管と接続する直管部は二方向拘束支持とした。

4．燃料小出槽の架台頂部に振止め措置を施した。

【問題5】 変電所に施設するメッシュ接地工事の電圧降下法による接地抵抗測定に関する記述として，**最も不適当なもの**はどれか。

1．測定電圧は，誘起電圧の影響を受けやすい。

2．電流回路は，交流によるものとした。

3．電流回路の接地電流値は，1Aとした。

4．電圧回路用の補助接地極は，メッシュ接地から500m離して設けた。

【問題6】 A及びBを支持点とした図のような架線工事において，次の近似式を用いて弛度dを求める測定方法の名称として，**適当なもの**はどれか。

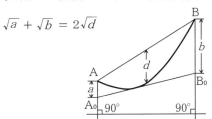

$$\sqrt{a} + \sqrt{b} = 2\sqrt{d}$$

1．異長法
2．等長法
3．角度法
4．カテナリー角法

【問題7】 架線工事における緊線弛度dの測定方法に関する次の記述に該当する用語として，**適当なもの**はどれか。

「支持点A及びBから垂直に下した線上で，弛度dに等しいA_0及びB_0を定め，A_0及びB_0点の見通し線上に電線の接線を観測する弛度観測法」

1．等長法
2．異長法
3．角度法
4．水平弛度法

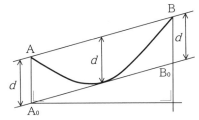

【問題8】 架空送電線路の工事におけるワイヤロープ等の使用方法に関する記述として，**不適当なもの**はどれか。

1．延線用ワイヤロープのよりは，電線のより方向と反対方向のものを使用した。

2．ワイヤロープの強度は，延線用ワイヤロープよりも大きいものを使用した。

3．緊線用ワイヤロープは，細径かつ高強度であり，自転トルクが小さいものを使用した。

4．繊維ロープは，比較的荷重の小さいパイロットロープ延線に使用した。

【問題1】解答 2.

解説▶【発電機据付工事の手順】

据付は次の手順で行う。

- 発電機は，工場において組み立てて試験運転を行ったのち，固定子と回転子及び付属品に分けて現場に搬入する。
- 固定子は，蒸気タービン側と共に心出しを行い，固定子脚部か基礎金物に確実に密着し，荷重が均等になるように据え付ける。
- 回転子は，クレーンで水平に吊るし，1/3程度挿入したらブロック台，けん引用ワイヤ及び滑車などを使用して定位置まで挿入する。
- **固定子に回転子を挿入した後に，エンドカバーベアリング，軸密封装置及び冷却系の配管等の付属品を取り付ける。**
- 不活性ガスを使用し配管の漏れ検査を行い，水素ガスを封入する。

【問題2】解答 2.

解説▶【水力発電所の無水試験】

無水試験として，次のような項目が行われる。

- 発電機の絶縁耐力試験。
- **調速機によるガイドベーンの開閉の動作の確認。**
- 遮断器・開閉器関係の動作試験及びインタロックの確認。
- 電気回路の絶縁抵抗測定及び絶縁耐力試験。

【問題3】解答 4.

解説▶【通気管に関する規定】

危険物の規制に関する規則第20条第2項第一号に次のように規定されている。

第20条（通気管）

2　令第12条第1項第七号（略）の規定により，第4類の危険物の屋内貯蔵タンクのうち圧力タンク以外のタンクに設ける通気管は，無弁通気管とし，その位置及び構造は，次のとおりとする。

　一　先端は，屋外にあって地上4m以上の高さとし，かつ，建築物の窓，出入口等の開口部から**1m以上離すもの**とするほか，引火点が40度未満の危険物のタンクに設ける通気管にあっては敷地境界線から1.5m以上離すこと。

【問題4】解答 3.

解説▶【自家用発電設備の耐震施工】

可とう管と接続する直管部は**三方向拘束支持**とする。

【問題5】解答 3.
解説▶【電圧降下法による接地抵抗の測定】
　電流回路の接地電流値は接地工事の規模にもよるが，概ね交流電流として 20 〜 30 A 程度必要である。

【問題6】解答 2.
解説▶【等長法】
　等長法の説明である。

【問題7】解答 2.
解説▶【異長法】
　異長法の説明である。この他に図1の角度法，図2の水平弧度法がある。
　角度法は図1において，

$$\tan \theta = \frac{H + x - y}{S}$$

の関係があり，A 点にトランジットを据え付けることでたるみを観測できる。
　水平弧度法は，

$$x = d \left(1 - \frac{H}{4d}\right)^2$$

の関係より，x 下がった位置にトランジットなどを据え付けることで観測できる。

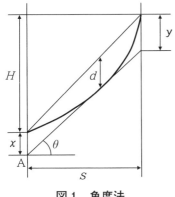

図1　角度法

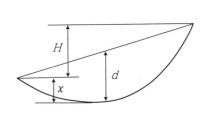

図2　水平弧度法

【問題8】解答 1.
解説▶【ワイヤロープ等の使用方法】
　• 延線用ワイヤロープのよりは，電線のより方向と**同方向**のものを使用する。

【問題1】 架空送電線路の施工に関する記述として，**不適当なもの**はどれか。

1. 立金車は，電線の引上げ箇所の鉄塔で電線が浮き上がるおそれのある場所に使用した。
2. ジョイントプロテクタは，接続管の電線を保護して金車を通過させるために使用した。
3. 延線作業での架線ウインチのキャプスタンの軸方向は，メッセンジャーワイヤの巻取り方向と直角とした。
4. 緊線作業は，角度鉄塔や耐張鉄塔のように，がいしが耐張状になっている鉄塔区間ごとに行った。

【問題2】 高圧ケーブルの地絡事故を検出するケーブルシールドの接地方法を示す図として，**不適当なもの**はどれか。

1. 引込用ケーブル

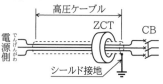

2. 引込用ケーブル

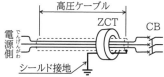

3. 引出用ケーブル

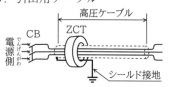

4. 引出用ケーブル

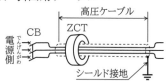

【問題3】 地中電線路に関する記述として，**不適当なもの**はどれか。

1. 管路には，ライニングなどの防食処理を施した厚鋼電線管を使用した。
2. 単心ケーブル1条を引入れる管路に，配管用炭素鋼鋼管（SGP）を使用した。
3. ケーブルの熱伸縮対策として，マンホール内にオフセットを設けた。
4. マンホールの管口部分には，マンホール内部に水が浸入しにくいように防水処理を施した。

【問題4】 需要場所に施設する高圧地中電線路の管路工事に関する記述として，**最も不適当なもの**はどれか。

1. 防水鋳鉄管と波付硬質合成樹脂管（FEP）の接続に，異物継手を使用した。
2. 軟弱地盤の管路に，硬質塩化ビニル電線管（VE）を使用した。

3．金属製管路材と大地との間の電気抵抗が100Ω以下であったので，接地工事を省略した。

4．地中箱内で中間接続を行ったので，ケーブルを地中箱の壁に固定した。

【問題5】現場打ちマンホールの施工に関して，**最も不適当なもの**はどれか。
1．根切り深さの測定には，精度を高めるためにレーザ鉛直器を用いた。
2．底面の砂利は，隙間がないように敷き，振動コンパクタで十分締め固めた。
3．マンホールを正確に設置するため捨てコンクリートを打ち，その表面に墨出しを行った。
4．マンホールに管路を接続後，良質の根切り土を使用し，ランマで締め固めながら埋め戻した。

【問題6】屋内に設置するキュービクル式高圧受電設備に関する記述として，「高圧受電設備規程」上，**誤っているもの**はどれか。ただし，主遮断装置は定格遮断電流12.5kAの遮断器とする。
1．点検を行う面の保有距離を0.6mとした。
2．高圧母線には，14mm^{2}の高圧機器内配線用電線（KIP）を使用した。
3．容量50kvarの高圧進相コンデンサの開閉装置として，高圧真空電磁接触器を使用した。
4．容量300kV・Aの変圧器の一次側の開閉装置として，高圧カットアウト（PC）を使用した。

【問題7】受電室における高圧受電設備の施工に関する記述として，「高圧受電設備規程」上，**不適当なもの**はどれか。
1．A種接地工事の接地極として，大地との間の電気抵抗値が10Ωの建物の鉄骨を使用した。
2．容量500kV・Aの変圧器一次側の開閉装置に，高圧交流負荷開閉器（LBS）を使用した。
3．受電室には，取扱者が操作する受電室専用の分電盤を設置した。
4．受電室の室温が過昇する恐れがないので，換気装置又は冷房装置を省略した。

【問題8】屋内に設ける開放形高圧受電設備の工事に関する記述として，**不適当なもの**はどれか。
1．裸導体（銅帯）を用いた，使用電圧200Vの低圧母線の高さは，床面より1.9mにした。
2．高圧母線の高さは，床面より2.4mにした。
3．点検通路は，通路面から高さ1.8m以内に障害物が無いようにした。
4．機器間の点検通路の幅は，0.6mにした。

【問題1】 解答 1.

解説▶【立金車の使用場所】

　立金車は，電線の引上げ箇所の鉄塔で電線が浮き上がるおそれのない場所に使用する。

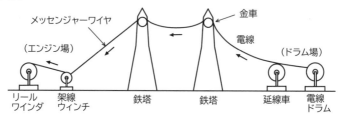

架空送電線の延線工事の概念図

【問題2】 解答 2.

解説▶【高圧ケーブルのシールド接地方法】

　高圧ケーブルのシールド接地は **ZCT** をくぐらせたシールドを**負荷側**で一括して接地するか，又は電源側でシールドを一括した接地線を **ZCT** をくぐらせて**負荷側**で接地する。選択肢 2 は**電源側**で**接地**を行っているので誤りである。

負荷側で一括した接地方法　　　　**電源側を一括した接地方法**

【問題3】 解答 2.

解説▶【地中電線路】

　単心ケーブル1条を引入れる管路は，非金属管を使用する。

【問題4】 解答 2.

解説▶【高圧地中電線路の管路工事】

- 軟弱地盤の管路では荷重により管にストレスが加わるので容易にたわむ**波付硬質合成樹脂管（FEP）**などを使用する。
- 「電気設備の技術基準とその解釈」第168条第4項に,

　4　高圧屋外配線（第188条に規定するものを除く。）は，第120条から第125条まで及び第127条から第130条まで（第128条第1項を除く。）の規定に準じて施設すること。

　とあり，同法第123条に

　第123条　地中電線路の次の各号に掲げるものには，D種接地工事を施すこと。

　　　一　管，暗きょその他の地中電線を収める防護装置の金属製部分
　　　二　金属製の電線接続箱
　　　三　地中電線の被覆に使用する金属体
となってD種接地工事が必要であるが，同法第17条第6項に，

　6　D種接地工事を施す金属体と大地との間の電気抵抗値が **100 Ω以下**である場合は，**D種接地工事を施したものとみなす。**

とあるので，選択肢3は，金属製管路材と大地との間の電気抵抗が100 Ω以下であれば，D種接地工事を省略できる。

【問題5】解答 1.
解説▶【根切りの深さの測定】

　マンホールの根切りの深さは，通常**水糸を張り測定**する。レーザ鉛直器は高層ビルなどの工事に用いられる。

【問題6】解答 2.
解説▶【遮断電流と電線の太さ】

- 定格遮断電流 12.5 kA なので，高圧母線には，**38 mm² 以上**の高圧機器内配線用電線（KIP）を使用しなければならない。
- 容量 50 kvar 以下の高圧進相コンデンサの開閉装置として，高圧真空電磁接触器の他に，高圧カットアウト（PC）も使用することができる。
- 容量 300 kV・A の変圧器の一次側の開閉装置として，高圧カットアウト（PC）を使用することができる。

【問題7】解答 1.
解説▶【A種接地工事の接地極】

　「電気設備の技術基準とその解釈」第18条第2項に，

　2　大地との間の電気抵抗値が **2 Ω以下**の値を保っている建物の鉄骨その他の金属体は，これを次の各号に掲げる接地工事の接地極に使用することができる。

　　　一　非接地式高圧電路に施設する機械器具等に施す **A 種接地工事**

　　　二　非接地式高圧電路と低圧電路を結合する変圧器に施す B 種接地工事

と規定されているので，A 種接地工事の接地極として，大地との間の電気抵抗値が **2 Ω以下**の建物の鉄骨を使用しなければならない。

【問題8】解答 4.
解説▶【開放形高圧受電設備の工事】

　労働安全衛生規則第 543 条において次のように規定されている。

　第 543 条（機械間等の通路） 事業者は，機械間又はこれと他の設備との間に設ける通路については，幅 **80 cm 以上**のものとしなければならない。

【問題1】 屋内配線をケーブル工事により施設する場合の記述として,「電気設備の技術基準とその解釈」上,**不適当なもの**はどれか。ただし,簡易接触防護措置を施すとき又は乾燥した場所に施設するときを除く。

1. 弱電流電線と交差するので,高圧ケーブルは鋼管に収めて施設した。
2. 高圧ケーブルとガス管の離隔距離を30 cmとした。
3. 交流対地電圧200 Vで使用するCVケーブルの防護装置の金属製部分の長さが6 mであったので接地工事を省略した。
4. 点検できる隠ぺい場所において,使用電圧が200 Vの配線に2種キャブタイヤケーブルを使用した。

【問題2】 動力設備に関する記述として,**不適当なもの**はどれか。

1. 力率改善のため,個々の低圧電動機に低圧進相用コンデンサを設けた。
2. 三相200 V定格出力11 kWの電動機の始動方式を,スターデルタ始動とした。
3. 低圧電動機へ接続する配管は,振動が伝わらないように二種金属製可とう電線管を用いた。
4. 低圧電動機の過電流遮断器の定格電流は,直接接続する負荷側電線の許容電流の3倍とした。

【問題3】 金属管配線に関する記述として,「内線規程」上,**最も不適当なもの**はどれか。

1. 水気のある場所に施設する電線に,ビニル電線(IV)を使用した。
2. 管相互及びボックスその他の付属品とは,ねじ接続で堅ろうに,かつ,電気的に完全に接続した。
3. 乾燥した場所に使用電圧100 Vの配線を施設し,管の長さが8 m以下であったのでD種接地工事を省略した。
4. 管の曲げ半径(内側半径)は,管内径の6倍以上とし,直角又はこれに近い屈曲は,ボックス間で4箇所以内となるように配管した。

【問題4】 低圧屋内配線のバスダクト工事に関する記述として,「電気設備の技術基準とその解釈」上,**不適当なもの**はどれか。ただし,使用電圧は300 V以下とする。

1. 電気シャフト(EPS)内に垂直に取り付けるバスダクトの支持間隔を6mとした。
2. 乾燥した点検できない隠ぺい場所にバスダクトを使用した。
3. 造営材に取り付けるバスダクトの水平支持間隔を3 mとした。
4. 湿気の多い展開した場所に屋外用バスダクトを使用した。

工事施工（その3）

【問題5】 低圧屋内配線の金属ダクト工事に関する記述として，「電気設備の技術基準とその解釈」上，**不適当なもの**はどれか。

1. 金属ダクトを造営材に取り付けるので，水平支持点間の距離を3m以下とし，かつ，堅ろうに取り付けた。
2. 金属ダクト内でやむを得ず電線を分岐したので，接続点を容易に点検できるようにした。
3. 電線の温度上昇低減のため，金属ダクト終端部を開放し通気性を良くした。
4. 三相3線式400V配電の幹線を収める金属ダクトには，C種接地工事を施した。

【問題6】 構内電気設備の合成樹脂管配線（PF管，CD管）に関する記述として，**最も不適当なもの**はどれか。

1. コンクリートに埋設する配管は，容易に移動しないように鉄筋にバインド線で結束した。
2. 太さ28mmの管を曲げるのに，その内側の半径を管内径の6倍以上とした。
3. PF管を露出配管するときの支持にはサドルを使用し，支持間隔を2.0m以下とした。
4. CD管はコンクリート埋設部分に，PF管は軽量鉄骨間仕切内に使用した。

【問題7】 低圧屋内配線の接地工事に関する記述として，「電気設備の技術基準とその解釈」上，**不適当なもの**はどれか。ただし，乾燥した場所での交流の使用電圧100Vの配線とする。

1. 金属可とう電線管工事で，管の長さが8mであったので接地工事を省略した。
2. 金属管工事で，管の長さが8mであったので接地工事を省略した。
3. 金属線ぴ工事で，線ぴの長さが8mであったので接地工事を省略した。
4. ケーブル工事で，防護装置の金属製部分の長さが8mであったので接地工事を省略した。

【問題8】 動力設備に関する記述として，「内線規程」上，**不適当なもの**はどれか。ただし，低圧電動機の使用電圧は，200Vとする。

1. 低圧電動機へ接続する配管は，振動が伝わらないように二種金属製可とう電線管を用いた。
2. 低圧電動機をコンセントに接続して使用する場合，その定格出力が0.4kWだったので，手元開閉器を省略した。
3. 低圧電動機に電気を供給する分岐回路に取り付ける分岐開閉器の定格電流は分岐過電流遮断器の定格電流以上とした。
4. スターデルタ始動器と低圧電動機間の配線は，当該電動機分岐回路の配線の60％の許容電流を有する電線を使用した。

【問題1】解答 3.

解説▶【ケーブルの防護装置の金属製部分の接地】

電気設備の技術基準とその解釈第164条第1項第四号に,

四　低圧屋内配線の使用電圧が300 V以下の場合は, 管その他の電線を収める防護装置の金属製部分, 金属製の電線接続箱及び電線の被覆に使用する金属体には, **D種接地工事**を施すこと。ただし, 次のいずれかに該当する場合は, 管その他の電線を収める防護装置の金属製部分については, この限りでない。

イ　防護装置の金属製部分の長さが**4 m以下**のものを乾燥した場所に施設する場合。

ロ　屋内配線の使用電圧が直流300V又は交流対地電圧**150 V以下**の場合において, 防護装置の金属製部分の長さが**8 m以下**のものに簡易接触防護措置（金属製のものであって, 防護措置を施す設備と電気的に接続するおそれがあるもので防護する方法を除く。）を施すとき又は乾燥した場所に施設するとき。

とあるので, イ, ロともに該当せず, 3が誤りとなる。

【問題2】解答 4.

解説▶【過電流遮断器の定格電流】

電気設備の技術基準とその解釈第149条第2項第二号イに,

二　電動機又はこれに類する起動電流が大きい電気機械器具（以下この条において「電動機等」という。）のみに至る低圧分岐回路は, 次によること。

イ　第1項第一号の規定により施設する過電流遮断器の定格電流は, その過電流遮断器に直接接続する負荷側の電線の許容電流を**2.5倍**した値（略）以下であること。

とあるので, 3倍は誤りである。

【問題3】解答 4.

解説▶【金属管の曲げ半径と屈曲箇所】

内線規定3110-8（管の屈曲）第1項及び第2項に,

1.　金属管を曲げる場合は, 金属管の断面が著しく変形しないように曲げ, その内側の半径は, 管内径の**6倍以上**とすること。（略）

2.　アウトレットボックス間又はその他の電線引入れ口を備える器具の間の金属管には, **3箇所を超える**直角又はこれに近い屈曲箇所を設けないこと。

とあるので, 4箇所以上は誤りである。

【問題4】解答 2.

解説▶【バスダクト工事の施設箇所】

低圧屋内配線のバスダクト工事に関して, 電気設備の技術基準とその解釈第

156条の表に，展開した場所では，乾燥した場所と湿気の多い場所又は水気のある場所に施設でき，点検できる隠ぺい場所では，乾燥した場所に施設できると規定されているので，**乾燥した点検できない隠ぺい場所には施設できない。**

【問題5】解答 3.
解説▶【金属ダクト工事の施工】
　電気設備の技術基準とその解釈第162条第3項に，
3　金属ダクト工事に使用する金属ダクトは，次の各号により施設すること。
　一　ダクト相互は，堅ろうに，かつ，電気的に完全に接続すること。
　二　ダクトを造営材に取り付ける場合は，ダクトの支持点間の距離を3m（取扱者以外の者が出入りできないように措置した場所において，垂直に取り付ける場合は，6m）以下とし，堅ろうに取り付けること。
　三　ダクトのふたは，容易に外れないように施設すること。
　四　ダクトの終端部は，**閉そく**すること。
とあるので，終端部を開放してはならない。

【問題6】解答 3.
解説▶【合成樹脂管配線（PF管，CD管）の施工】
　電気設備の技術基準とその解釈第158条第3項第三号に，
　三　管の支持点間の距離は**1.5m以下**とし，かつ，その支持点は，管端，管とボックスとの接続点及び管相互の接続点のそれぞれの近くの箇所に設けること。
とあるので，支持間隔を2.0m以下は誤りである。

【問題7】解答 1.
解説▶【金属可とう電線管工事】
　電気設備の技術基準とその解釈第160条第3項第六号に，
　六　低圧屋内配線の使用電圧が**300V以下**の場合は，電線管には，D種接地工事を施すこと。ただし，管の長さが**4m以下**のものを施設する場合は，この限りでない。
とあるので，8.0m以下では接地工事は省略できない。

【問題8】解答 2.
解説▶【手元開閉器の省略】
　内線規定3302-1（手元開閉器）に，「定格出力**0.2kW以下**の電動機又は定格入力1.5kVAの加熱装置若しくは電力装置をコンセントから使用する場合は，手元開閉器を省略できる。」とあるので，0.4kW低圧電動機には手元開閉器は省略できない。

【問題1】 新幹線鉄道における架空単線式の電車線に関する記述として、「鉄道に関する技術上の基準を定める省令及び同省令等の解釈基準」上、**不適当なもの**はどれか。

1. 本線の電車線は、公称断面積110 mm²の溝付硬銅線とした。
2. 本線の電車線に自動張力調整装置を設けた。
3. 電車線の高さは、レール面上5 mを標準とした。
4. 電車線の偏いは、レール面に垂直に軌道中心面から350 mmとした。

【問題2】 架空単線式の電車線路に関する記述として、「鉄道に関する技術上の基準を定める省令及び同省令等の解釈基準」上、**不適当なもの**はどれか。

1. コンクリート柱の根入れは、全長の6分の1以上とした。
2. コンクリート柱の安全率は、破壊荷重に対し2以上とした。
3. シンプルカテナリちょう架式は、支持物相互間の距離を60 mとした。
4. 列車が最高速度90 km/hで走行する区間なので、直接ちょう架式とした。

【問題3】 直流電気鉄道における帰線の漏れ電流の低減対策に関する記述として、**不適当なもの**はどれか。

1. クロスボンドを増設して、帰線抵抗を小さくした。
2. 架空絶縁帰線を設けて、レール電位の傾きを大きくした。
3. 変電所数を増加し、き電区間を縮小した。
4. 道床の排水をよくして、レールからの漏れ抵抗を大きくした。

【問題4】 有線電気通信設備（光ファイバを除く）に関する記述として、「有線電気通信法」上、**誤っているもの**はどれか。

1. 屋内電線と大地の間及び屋内電線相互間の絶縁抵抗を、直流100 Vの電圧で測定したとき、0.1 MΩであったので良好と判断した。
2. 架空電線は、架空強電流電線の支持物とは別の支持物に架設した。
3. 道路上の架空電線を、横断歩道橋以外の場所で路面上5 mに設置した。
4. 通信回線の線路の電圧を100 V以下とした。

【問題5】 有線電気通信設備に関する記述として、「有線電気通信法」上、**誤っているもの**はどれか。ただし、光ファイバは除くものとし、強電流電線の設置者の承諾を得ていないものとする。

1. 第一種保護網と架空電線との垂直離隔距離を60 cmとした。
2. 第一種保護網の特別保安接地工事の接地抵抗値を10 Ω以下とした。
3. 使用電圧が低圧の強電流ケーブルに架空電線が交差するので、強電流ケー

ブルとの離隔距離を 15 cm とした。
4．架空電線と他人の建造物との離隔距離を 30 cm とした。

【問題6】 自動火災報知設備に関する記述として，「消防法」上，**誤っている**ものはどれか。
1．一の地区音響装置までの水平距離は，その階の各部分から 25 m 以下となるように設置した。
2．音声によらない地区音響装置の音圧は，音響装置の中心から 1 m 離れた位置で 90 dB 以上となるようにした。
3．受信機の操作スイッチは，床面から 0.5 m 以上 1.6 m 以下の高さに設置した。
4．P型受信機の感知器回路の電路の抵抗は，50 Ω以下となるようにした。

【問題7】 防災設備の電源に関する記述として，**不適当なもの**はどれか。
1．不特定多数の者が出入りする場所の露出したケーブルラックに敷設する消防用非常電源として，高難燃ノンハロゲン耐火ケーブルを使用した。
2．電源別置形の非常照明用分電盤に主遮断器を設けず，停電時に切り替わる装置を設置した。
3．電池内蔵形の非常用照明器具の配線にビニルケーブル（VVF）を使用した。
4．屋内消火栓設備の非常電源回路に，漏電遮断器を設置した。

【問題8】 光ファイバケーブルの施工に関する記述として，**最も不適当なもの**はどれか。
1．塩害区域の橋梁区間は，耐塩害性に優れ，温度伸縮が少ない繊維強化プラスチック管（FRP管）に敷設した。
2．マンホールでの光ファイバ心線相互の接続は，圧着接続工法を行いクロージャに収容した。
3．ノンメタリックケーブルを使用したので，電力ケーブルと並行して敷設した。
4．メタリックケーブルを使用したので，鋼線のテンションメンバとアルミテープを成端箱で接地を施した。

【問題9】 構内情報通信網（LAN）に使用する，UTP ケーブルの施工に関する記述として，**最も不適当なもの**はどれか。
1．カテゴリー6ケーブルの成端時に，対のより戻し長を 6 mm とした。
2．カテゴリー5e ケーブルは，結束時には強く締付けないようにした。
3．フロア配線盤から通信アウトレットまでのケーブル長（パーマネントリンクの長さ）を 100 m とした。
4．24 対ケーブルの固定時の曲げ半径を，仕上がり外径の 10 倍とした。

第41回テスト ┃ 解答と解説

【問題1】 解答 4.

解説▶【電車線の偏い】

鉄道に関する技術上の基準を定める省令第41条第3項及び同省令等の解釈基準（電車線路等の施設等）第22項には，「架空単線式の電車線の偏いは，集電装置にパンタグラフを使用する区間においては，レール面に垂直の軌道中心面から **250 mm** 以内（新幹線にあっては，**300 mm** 以内）とすること。ただし，次のいずれかに該当する場合は，この限りでない。（以下略）」とあるので，350mm ではなく 300mm 以内としなければならない。

【問題2】 解答 4.

解説▶【直接ちょう架式区間の最高速度】

鉄道に関する技術上の基準を定める省令第41条第3項及び同省令等の解釈基準（電車線路等の施設等）第19項（3）及び（4）に，

19　架空単線式の電車線のちょう架方式は，カテナリちょう架式とすること。ただし，新幹線以外の鉄道であって，次のいずれかに該当する場合は，この限りでない。

(3)　列車が **65 km 毎時以下** の速度で走行する区間において，電車線の支持点の間隔を 15 m 以下とし，かつ，支持点の間隔を 15 m としたときの最大のたるみが 50 mm 以下となるような張力を電車線に与える構造とした直接ちょう架式によりちょう架する場合。

(4)　列車が **50 km 毎時以下** の速度で走行する区間において直接ちょう架式によりちょう架する場合。

とあるので，90 km/h で走行する区間は直接ちょう架式とすることはできない。

【問題3】 解答 2.

解説▶【漏れ電流の低減対策】

・架空絶縁帰線を設けて，レール電位の傾きを**小さくする。**

【問題4】 解答 1.

解説▶【屋内電線と大地の間及び屋内電線相互間の絶縁抵抗】

有線電気通信設備令第17条（屋内電線）に，

第17条　屋内電線（光ファイバを除く。以下この条において同じ。）と大地との間及び屋内電線相互間の絶縁抵抗は，直流100Vの電圧で測定した値で，**1 MΩ以上**でなければならない。

と規定されているので 0.1 MΩは誤りである。

【問題5】 解答 3.

解説▶【架空電線と低圧又は高圧の架空強電流電線との交差又は接近】

　有線電気通信設備令施行規則第10条（架空電線と低圧又は高圧の架空強電流電線との交差又は接近）に，「架空電線が低圧又は高圧の架空強電流電線と交差し，又は同条に規定する距離以内に接近する場合には，架空電線と架空強電流電線との離隔距離は，次の表の上欄に掲げる架空強電流電線の使用電圧及び種別に従い，それぞれ同表の下欄に掲げる値以上とし，かつ，架空電線は，架空強電流電線の下に設置しなければならない。」と規定されており，同表の使用電圧が低圧の区分において，「高圧強電流絶縁電線，特別高圧強電流絶縁電線又は強電流ケーブルの場合の離隔距離 **30 cm 以上**（強電流電線の設置者の**承諾を得たときは 15 cm 以上**）となっているので，承諾なしでは 30 cm 以上必要である。

【問題6】解答3.
解説▶【受信機の操作スイッチの高さ】
　消防法施行規則第24条（自動火災報知設備に関する基準の細目）第二号ロに，「受信機の操作スイッチは，床面からの高さが **0.8 m**（いすに座って操作するものにあっては 0.6 m）**以上 1.5 m 以下**の箇所に設けること。」と規定されているので，0.5 m 以上 1.6 m 以下の高さでは誤りである。

【問題7】解答4.
解説▶【地絡遮断装置の施設】
　電気設備の技術基準とその解釈第36条第5項に，「低圧又は高圧の電路であって，非常用照明装置，非常用昇降機，誘導灯又は鉄道用信号装置その他その停止が公共の安全の確保に支障を生じるおそれのある機械器具に電気を供給するものには，電路に地絡を生じたときにこれを技術員駐在所に警報する装置を施設する場合は，第1項，第3項及び第4項に規定する装置を施設することを要しない。」と規定されており，「屋内消火栓設備の非常電源回路」はこれに該当するので漏電遮断器の施設は要しない。

【問題8】解答2.
解説▶【ファイバ心線相互の接続】
・マンホールでの光ファイバ心線相互の接続は，損失が少なく信頼性が高い**融着接続工法**を行いクロージャに収容する。

【問題9】解答3.
解説▶【UTPケーブルの長さ】
　JIS X 5150（構内情報配線システム）7.2（平衡配線）において，「フロア配線盤から通信アウトレットまでの距離（パーマネントリンク）の物理長は，**90 m を超えてはならない。**」と規定されているので 100 m は誤りである。

法　規

第42回テスト

【問題1】 建設業の許可に関して,「建設業法」上, **誤っているもの**はどれか。

1. 電気工事業に係る一般建設業の許可を受けた者が, 電気工事業に係る特定建設業の許可を受けたときは, その一般建設業の許可は効力を失う。

2. 電気工事業に係る特定建設業の許可を受けた者は, 発注者から直接請け負った電気工事を施工するための下請契約に係る下請代金の総額が, 4,500万円以上である下請契約を締結することができる。

3. 電気工事業を営もうとする者が, 二以上の都道府県の区域内に営業所を設けて営業しようとする場合は, それぞれの所在地を管轄する都道府県知事の許可を受けなければならない。

4. 一定の資格又は電気工事に関する10年以上の実務経験を有する者は, 電気工事業に係る一般建設業の許可を受けようとする者がその営業所ごとに専任で置かなければならない技術者になることができる。

【問題2】 建設業の許可に関して,「建設業法」上, **誤っているもの**はどれか。

1. 国や地方公共団体が発注者である建設工事を請け負う者は, 特定建設業の許可を受けていなければならない。

2. 建設業の許可は, 5年ごとにその更新を受けなければ, その期間の経過によって, その効力を失う。

3. 許可を受けようとする建設業の建設工事に関し10年以上の実務経験者は, その一般建設業の, 営業所ごとに配置する専任の技術者になることができる。

4. 建設業者は, 許可を受けた建設業に係る建設工事を請け負う場合において, 当該建設工事に附帯する他の建設業に係る建設工事を請け負うことができる。

【問題3】 建設業の許可を受ける電気工事業の営業所ごとに置く専任の技術者に関する記述として,「建設業法」上, **誤っているもの**はどれか。

1. 建築設備士となった後, 電気工事に関し1年以上の実務経験を有する者は, 一般建設業の営業所に置く専任の技術者になることができる。

2. 2級の電気工事施工管理技士の技術検定に合格した者は, 一般建設業の営業所に置く専任の技術者になることができる。

3. 電気工事に関し実務経験が10年以上である者は, 特定建設業の営業所に置く専任の技術者になることができる。

4. 技術士(電気電子部門)の資格を有する者は, 特定建設業の営業所に置く専任の技術者になることができる。

【問題4】 建設工事の請負契約書に記載しなければならない事項として,「建設業法」上, **定められていないもの**はどれか。

建設業法関係（その１）

1. 現場代理人の権限に関する事項
2. 価格等の変動若しくは変更に基づく請負代金の額又は工事内容の変更
3. 工事の施工により第三者が損害を受けた場合の賠償金負担に関する定め
4. 各当事者の履行の遅滞その他債務の不履行の場合における遅延利息，違約金その他の損害金

【問題 5】 建設工事の請負契約に関して，「建設業法」上，**誤っているもの**はどれか。

1. 建設工事の元請負人は，その請け負った建設工事を施工するために必要な工程の作業方法を定めるときは，下請負人の意見を聞かなければならない。
2. 注文者は，自己の取引上の地位を不当に利用して，原価に満たない金額を請負代金の額とする請負契約を締結してはならない。
3. 請負人は，請負契約の履行に関し工事現場に現場代理人を置く場合，注文者の承諾を得なければならない。
4. 建設業者は，その請け負った建設工事を，いかなる方法をもってするかを問わず，一括して他人に請け負わせてはならない。

【問題 6】 建設工事の請負契約に関して，「建設業法」上，**誤っているもの**はどれか。

1. 注文者は，入札による場合にあっては，入札を行う以前に，建設業者が当該建設工事の見積りをするために必要な一定の期間を設けなければならない。
2. 建設業者はその請け負った建設工事が共同住宅を新築する工事である場合，あらかじめ発注者の書面による承諾を得たときは，一括して他人に請け負わせることができる。
3. 注文者は，請負人に対して，建設工事の施工につき著しく不適当と認められる下請負人があるときは，あらかじめ注文者の書面による承諾を得て選定した下請負人である場合等を除き，その変更を請求することができる。
4. 請負人は，その請け負った建設工事の施工について，工事監理を行う建築士から工事を設計図書のとおりに実施するよう求められた場合において，これに従わない理由があるときは直ちに注文者に対して，その理由を報告しなければならない。

【問題 7】 建設工事において，施工体系図に表示する事項として，「建設業法」上，**定められていないもの**はどれか。

1. 作成建設業者の商号又は名称
2. 作成建設業者が請け負った建設工事の名称
3. 下請負人が建設業者であるときは，下請負人の緊急連絡先
4. 下請負人が建設業者であるときは，下請負人が置く主任技術者の氏名

【問題1】 解答 3.

解説▶【許可の申請】

建設業法第5条（許可の申請）に，

第5条 一般建設業の許可（第8条第二号及び第三号を除き，以下この節において「許可」という。）を受けようとする者は，国土交通省令で定めるところにより，**二以上の都道府県の区域内に営業所を設けて営業をしようとする場合にあっては国土交通大臣**に，**一の都道府県の区域内にのみ**営業所を設けて営業をしようとする場合にあっては当該営業所の所在地を管轄する**都道府県知事**に，次に掲げる事項を記載した許可申請書を提出しなければならない。

とあるので，二以上の都道府県の区域内に営業所を設けて営業しようとする場合は，**国土交通大臣の許可**を受けなければならない。

【問題2】 解答 1.

解説▶【特定建設業の要件】

国や地方公共団体が発注者である建設工事を請け負う者は**一般建設業でもよ**く，特定建設業の許可を受けていなければならないのは下請け契約の額が政令で定められた額を超える場合である。

【問題3】 解答 3.

解説▶【建設業の許可基準】

建設業法第7条により，電気工事に関し実務経験が10年以上である者は，**一般建設業**の営業所に置く専任の技術者になることができる。

【問題4】 解答 1.

解説▶【建設工事の請負契約の内容】

建設業法第19条第1項（建設工事の請負契約の内容）第1項を抜粋すると

第19条 建設工事の請負契約の当事者は，前条の趣旨に従って，契約の締結に際して次に掲げる事項を書面に記載し，署名又は記名押印をして相互に交付しなければならない。

二　請負代金の額

七　天災その他不可抗力による工期の変更又は損害の負担及びその額の算定方法に関する定め

八　価格等の変動若しくは変更に基づく請負代金の額又は工事内容の変更

九　工事の施工により第三者が損害を受けた場合における賠償金の負担に関する定め

十四　各当事者の履行の遅滞その他債務の不履行の場合における遅延利息，違約金その他の損害金

とあるので，現場代理人の権限に関する事項は誤りである。

【問題5】解答 3.
解説▶【現場代理人の選任等に関する通知】

建設業法第19条の2（現場代理人の選任等に関する通知）に，

第19条の2　請負人は，請負契約の履行に関し工事現場に現場代理人を置く
場合においては，当該現場代理人の権限に関する事項及び当該現場代理人の
行為についての注文者の請負人に対する意見の申出の方法（略）を，書面に
より**注文者に通知**しなければならない。

とあるので，注文者の承諾ではなく通知をすればよい。

【問題6】解答 2.
解説▶【一括下請負の禁止】

建設業法第22条（一括下請負の禁止）第1項及び第2項で，一括して他人
に請け負わせてはいけなく，また一括して請け負ってはならないと規定されて
いるが，第3項において，重要な建設工事で政令で定めるもの以外の建設工
事である場合において，元請負人があらかじめ発注者の書面による承諾を得た
ときは，一括請負が可能であるとしている。しかし**重要な工事に共同住宅を新
築する工事**などが含まれるため，一括請負はだめである。

【問題7】解答 3.
解説▶【施工体系図に表示する項目】

建設業法第24条の8（施工体制台帳及び施工体系図の作成等）第4項に，
各下請負人の施工の分担関係を表示した施工体系図を作成することが規定され
ており，同法施行規則第14条の6（施工体系図）に，

第14条の6　施工体系図は，第一号及び第二号に掲げる事項を表示するほか，
第三号及び第四号に掲げる事項を第三号の下請負人ごとに，かつ，各下請負
人の施工の分担関係が明らかとなるよう系統的に表示して作成しておかなけ
ればならない。

一　作成建設業者の商号又は名称
二　作成建設業者が請け負った建設工事に関する次に掲げる事項
　イ　建設工事の名称及び工期
　ロ　発注者の商号，名称又は氏名
　ハ　当該作成建設業者が置く主任技術者又は監理技術者の氏名
　ニ　監理技術者補佐を置くときは，その者の氏名（以下略）
四　前号の請け負った建設工事に関する次に掲げる事項（略）
　ハ　下請負人が置く主任技術者の氏名

とあるので，下請負人の緊急連絡先は定められていない。

6問中4問以上正解できること。目標時間20分。

【問題1】 建設業の許可に関して，「建設業法」上，**誤っているもの**はどれか。
1. 特定建設業の許可を受けた電気工事業者は，発注者から直接請け負う1件の電気工事において，総額が4,500万円以上となる下請契約を締結できない。
2. 1級電気工事施工管理技士の資格を有する者は，特定建設業の許可を受けようとする電気工事業者が，その営業所ごとに置く専任の技術者になることができる。
3. 特定建設業の許可を受けようとする者は，発注者との間の請負契約で，その請負代金の額が政令で定める金額以上であるものを履行するに足りる財産的基礎を有することが必要である。
4. 電気工事業の許可を受けた者でなければ，工事1件の請負代金の額が500万円以上の電気工事を請け負うことができない。

【問題2】 建設工事の請負契約に関する記述として，「建設業法」上，**不適当なもの**はどれか。
1. 通常より安い価格で施工できると判断して落札した場合は，不当に低い請負代金にはあたらない。
2. 下請負人が手持ちの資材があるため，安い価格で受注する場合は不当に低い請負代金にあたらない。
3. 注文者は，自己の取引上の地位を不当に利用して，原価に満たない金額を請負代金の額とする請負契約を締結してはならない。
4. 注文者は請負人に対して，建設工事の施工につき著しく不適当な下請負人であっても，その変更を請求することができない。

【問題3】 建設工事の請負契約に関して，「建設業法」上，**誤っているもの**はどれか。ただし，元請負人は一般建設業の許可を受けた者とする。
1. 元請負人は，前払金の支払を受けたときは，下請負人に対して，資材の購入，労働者の募集その他建設工事の着手に必要な費用を前払金として支払うよう適切な配慮をしなければならない。
2. 元請負人は，下請負人からその請け負った建設工事が完成した旨の通知を受けたときは，当該通知を受けた日から1月以内で，かつ，できる限り短い期間内にその完成を確認するための検査を完了しなければならない。
3. 元請負人は，請負代金の工事完成後における支払いを受けたときは，下請負人に対して相応する下請代金を，当該支払を受けた日から1月以内で，かつ，できる限り短い期間内に支払わなければならない。
4. 元請負人は，下請負人の請け負った建設工事の完成を確認した後，下請負人が申し出たときは，特約がされている場合を除き，直ちに，当該建設工事

建設業法関係（その2）

の目的物の引渡しを受けなければならない。

【問題4】 施工体制台帳に関して，「建設業法」上，**誤っているもの**はどれか。

1. 下請負人は，その請け負った建設工事を他の建設業を営む者に請け負わせたときは，施工体制台帳を作成する特定建設業者に対して，当該他の建設業を営む者の商号又は名称などの定められた事項を通知しなければならない。

2. 施工体制台帳には，施工体制台帳を作成する特定建設業者に関する事項として，許可を受けて営む建設業の種類の他に，健康保険等の加入状況を記載しなければならない。

3. 施工体制台帳は，営業所に備え置き，発注者から請求があったときは閲覧に供しなければならない。

4. 施工体制台帳には，請け負った建設工事に従事する「外国人建設就労者」の従事の状況を記載しなければならない。

【問題5】 建設工事の現場に置く主任技術者又は監理技術者に関する記述として，「建設業法」上，**誤っているもの**はどれか。

1. 1級電気工事施工管理技士の資格を有する者は，電気工事の主任技術者になることができる。

2. 特定建設業の許可を受けた電気工事業者は，発注者から直接受注した電気工事において，下請代金の額の総額が3,500万円の場合には，当該工事現場に監理技術者を置かなければならない。

3. 学校に関する電気工事に置く専任の監理技術者は，監理技術者資格者証の交付を受けた者であって，国土交通大臣の登録を受けた講習を受講した者でなければならない。

4. 病院に関する電気工事の下請契約において，請負った額が4,000万円以上の場合，工事現場ごとに置く主任技術者は，専任の者でなければならない。

【問題6】 主任技術者及び監理技術者に関する記述として，「建設業法」上，**定められていないもの**はどれか。

1. 1級電気工事施工管理技士の資格を有する者は，電気工事の主任技術者になることができる。

2. 工事現場における建設工事の施工に従事する者は，監理技術者がその職務として行う指導に従わなければならない。

3. 第二種電気工事士の免状交付後，電気工事に関し3年以上の実務経験を有する者は，電気工事の主任技術者になることができる。

4. 監理技術者は，工事現場における建設工事を適正に実施するため，当該建設工事の請負金額の管理及び工程管理の職務を誠実に行わなければならない。

【問題1】解答 1.

解説▶【下請契約の締結の制限】

　　建設業法第16条（下請契約の締結の制限）第一号に,

第16条　特定建設業の許可を受けた者でなければ, その者が発注者から直接請け負った建設工事を施工するための次の各号の一に該当する下請契約を締結してはならない。

　一　その下請契約に係る下請代金の額が, 一件で, 第3条第1項第二号の政令で定める金額以上である下請契約

のように規定されており, **一般建設業**の許可を受けた電気工事業者は, その者が発注者から直接請け負う1件の電気工事において, 政令で定める金額である総額が4,500万円以上となる下請契約を締結できない。**特定建設業**の許可を受けた者であれば, 総額が4,500万円以上となる下請契約を**締結できる**。

【問題2】解答 4.

解説▶【下請負人の変更請求】

　　建設業法第23条第1項（下請負人の変更請求）に,

第23条　注文者は, 請負人に対して, 建設工事の施工につき著しく不適当と認められる下請負人があるときは, その**変更を請求**することができる。ただし, あらかじめ注文者の書面による承諾を得て選定した下請負人については, この限りでない。

とあるので, 請求できる。

【問題3】解答 2.

解説▶【検査及び引渡し】

　　建設業法第24条の4第1項（検査及び引渡し）に,

第24条の4　元請負人は, 下請負人からその請け負った建設工事が完成した旨の通知を受けたときは, 当該通知を受けた日から**20日以内**で, かつ, できる限り短い期間内に, その完成を確認するための検査を完了しなければならない。

とあるので, 1月以内は誤りである。

【問題4】解答 3.

解説▶【施工体制台帳及び施工体系図の作成等】

　　建設業法第24条の8第1項（施工体制台帳及び施工体系図の作成等）に,

第24条の8　特定建設業者は, 発注者から直接建設工事を請け負った場合において, 当該建設工事を施工するために締結した下請契約の請負代金の額（略）が政令で定める金額以上になるときは, 建設工事の適正な施工を確保するため, 国土交通省令で定めるところにより, 当該建設工事について, 下

請負人の商号又は名称，当該下請負人に係る建設工事の内容及び工期その他の国土交通省令で定める事項を記載した施工体制台帳を作成し，**工事現場ご**とに備え置かなければならない。

とあるので，営業所ではなく工事現場ごとに備え置かなければならない。

【問題5】解答 2.
解説▶【主任技術者及び監理技術者の設置等】

建設業法第26条第1項（主任技術者及び監理技術者の設置等）に，

第26条 建設業者は，その請け負った建設工事を施工するときは，当該建設工事に関し第7条第二号イ，ロ又はハに該当する者で当該工事現場における建設工事の施工の技術上の管理をつかさどるもの（以下「**主任技術者**」という。）を置かなければならない。

と規定されており，第2項に，

2 発注者から直接建設工事を請け負った特定建設業者は，当該建設工事を施工するために締結した下請契約の請負代金の額（当該下請契約が二以上あるときは，それらの請負代金の額の総額）が第3条第1項第二号の政令で定める金額（電気工事で **4,500万円以上**（建築一式工事の場合には7,000万円以上）以上になる場合においては，前項の規定にかかわらず，当該建設工事に関し第15条第二号イ，ロ又はハに該当する者（当該建設工事に係る建設業が指定建設業である場合にあっては，同号イに該当する者又は同号ハの規定により国土交通大臣が同号イに掲げる者と同等以上の能力を有するものと認定した者）で当該工事現場における建設工事の施工の技術上の管理をつかさどるもの（以下「**監理技術者**」という。）を置かなければならない。

となっているので，3,500万円の場合なので監理技術者ではなく，**主任技術者**を置けばよい。

【問題6】解答 4.
解説▶【主任技術者及び監理技術者の職務等】

建設業法第26条の4第1項（主任技術者及び監理技術者の職務等）に，

第26条の4 主任技術者及び監理技術者は，工事現場における建設工事を適正に実施するため，当該建設工事の**施工計画の作成**，**工程管理**，**品質管理**その他の**技術上の管理**及び当該建設工事の施工に従事する者の**技術上の指導監督**の職務を誠実に行わなければならない。

とあるが，請負代金額の管理の職務に関しては規定されていない。

【問題1】 事業用電気工作物の工事を行う場合，工事計画の事前届出を要するものとして，「電気事業法」上，**定められていないもの**はどれか。ただし，やむを得ない一時的な工事を除く。

1. 電圧 275 kV で構内以外の場所から伝送される電気を変成するための変電所の設置
2. 電圧 187 kV の送電線路の設置
3. 出力 1,000 kW の太陽電池発電所の設置
4. 出力 500 kW の風力発電所の設置

【問題2】 一般用電気工作物の小出力発電設備の出力の範囲として，「電気事業法」上，**誤っているもの**はどれか。ただし，電圧は 600 V 以下とし，他の小出力発電設備は同一構内に設置していないものとする。

1. 太陽電池発電設備であって，出力 50 kW 未満のもの
2. 風力発電設備であって，出力 20 kW 未満のもの
3. 水力発電設備であって，出力 30 kW 未満のもの
4. 内燃力を原動力とする火力発電設備であって，出力 10 kW 未満のもの

【問題3】 電気工作物に関して，「電気事業法」上，**誤っているもの**はどれか。

1. 工事計画の届出を必要とする自家用電気工作物を新たに設置する者は，保安規程を工事完了後，遅滞なく届け出なければならない。
2. 保安規程には，災害その他非常の場合に採るべき措置に関することを定めなければならない。
3. 発電のために設置するダム，水路及び貯水池は電気工作物である。
4. 船舶，車両又は航空機に設置されるものは，電気工作物から除かれている。

【問題4】 感電死傷事故が発生したときに，自家用電気工作物を設置する者が行う事故報告に関して，「電気事業法」上，**誤っているもの**はどれか。

1. 事故の発生を知った時から 24 時間以内に，事故の概要等を報告しなければならない。
2. 事故の発生を知った日から起算して 60 日以内に，報告書を提出しなければならない。
3. 報告書は，管轄する産業保安監督部長に提出しなければならない。
4. 報告書には，被害状況と防止対策を記載しなければならない。

【問題5】 電気工作物に関して，「電気事業法」上，**誤っているもの**はどれか。

1. 事業用電気工作物とは，一般用電気工作物以外の電気工作物をいう。

2．保安規程には，工事，維持及び運用に関する保安のための巡視，点検及び検査の事項を定めなければならない。

3．使用前自主検査は，主要機器を据付けた時と工事の計画に係るすべての工事が完了した時に，それぞれ行わなければならない。

4．事業用電気工作物の工事，維持又は運用に従事する者は，主任技術者がその保安のためにする指示に従わなければならない。

【問題6】 事業用電気工作物に関して，「電気事業法」上，**誤っているもの**どれか。ただし，災害その他の場合で，やむを得ない一時的な工事を除く。

1．事業用電気工作物を設置する者は，経済産業省令で定める技術基準に適合するように維持しなければならない。

2．公共の安全の確保上特に重要なものとして経済産業省令で定める事業用電気工作物の設置の工事をする者は，その工事の計画について経済産業大臣又は所轄産業保安監督部長の認可を受けなければならない。

3．事業用電気工作物の設置者は，事業用電気工作物の使用開始後速やかに保安規程を経済産業大臣又は所轄産業保安監督部長に届け出なければならない。

4．受電電圧一万ボルト以上の需要設備を設置しようとする者は，その工事の計画を経済産業大臣又は所轄産業保安監督部長に届け出なければならない。

【問題7】 電気用品に関する記述として，「電気用品安全法」上，**誤っているもの**はどれか。

1．電気用品とは，自家用電気工作物の部分となり，又はこれに接続して用いられる機械，器具又は材料であって，政令で定めるものをいう。

2．特定電気用品とは，構造又は使用方法その他の使用状況からみて特に危険又は障害の発生するおそれが多い電気用品であって，政令で定めるものをいう。

3．電気用品の製造の事業を行う者は，電気用品の区分に従い，必要な事項を経済産業大臣又は所轄経済産業局長に届け出なければならない。

4．届出事業者は，届出に係る型式の電気用品を輸入する場合においては，電気用品の技術上の基準に適合するようにしなければならない。

【問題8】 次の電気用品のうち，「電気用品安全法」上，特定電気用品に**該当しないもの**はどれか。ただし，機械器具に組み込まれる特殊な構造のもの及び防爆型のものは除く。

1．定格電圧 AC250V 32W 2灯用の蛍光灯用安定器

2．定格電圧 AC125V 定格電流 20A のライティングダクト

3．定格電圧 AC250V 定格電流 50A の漏電遮断器

4．定格電圧 AC100V の携帯発電機

【問題1】解答 3.

解説▶【工事計画の事前届出】

　　電気事業法第48条（工事計画）に，「事業用電気工作物の設置又は変更の工事（略）であって，主務省令で定めるものをしようとする者は，その工事の計画を主務大臣に届け出なければならない。」とあり，同法施行規則第65条（工事計画の事前届出）に，「事業用電気工作物の設置又は変更の工事であって，別表第二の上欄に掲げる工事の種類に応じてそれぞれ同表の下欄に掲げるもの」とあり，**太陽電池発電所は2,000 kW 以上と規定されている**。1,000 kW は誤りである。

【問題2】解答 3.

解説▶【小出力発電設備の出力の範囲】

　　電気事業法第38条に「一般用電気工作物」の定義が示されており，同法施行規則第48条（一般用電気工作物の範囲）において小出力発電設備の出力の範囲として，

　　一　太陽電池発電設備であって出力 **50 kW** 未満のもの
　　二　風力発電設備であって出力 **20 kW** 未満のもの
　　三　水力発電設備であって，出力 **20 kW** 未満のもの（一部略）
　　四　内燃力を原動力とする火力発電設備であって出力 **10 kW** 未満のもの
　　五　（略）

と規定されているので，出力 30 kW 未満のものは誤りである。

【問題3】解答 1.

解説▶【保安規程の届出】

　　電気事業法第42条（保安規程）に，

第42条　事業用電気工作物を設置する者は，事業用電気工作物の工事，維持及び運用に関する保安を確保するため，主務省令で定めるところにより，保安を一体的に確保することが必要な事業用電気工作物の組織ごとに保安規程を定め，当該組織における事業用電気工作物の使用（第51条第1項又は第52条第1項の自主検査を伴うものにあっては，その工事）の**開始前**に，主務大臣に届け出なければならない。

とあるので，工事前に届け出なければならない。

【問題4】解答 2.

解説▶【事故の報告】

　　電気関係報告規則第3条（事故報告）第2項に，

　2　前項の規定による報告は，事故の発生を知った時から **24時間**以内可能な限り速やかに事故の発生の日時及び場所，事故が発生した電気工作物並びに

事故の概要について，電話等の方法により行うとともに，事故の発生を知った日から起算して**30日**以内に様式第十三の報告書を提出して行わなければならない。

とあるので，60日は誤りである。

【問題5】解答 3.
解説▶【使用前自主検査】

電気事業法第51条（使用前安全管理検査）に，

第51条 （略）事業用電気工作物（略）であって，主務省令で定めるものを設置する者は，（略）その**使用の開始前**に，当該事業用電気工作物について自主検査を行い，その結果を記録し，これを保存しなければならない。

2 前項の自主検査（以下「**使用前自主検査**」という。）‥以下略

とあるので，使用前自主検査は，その使用の開始前に1度行えばよい。

【問題6】解答 3.
解説▶【保安規程の届出】

電気事業法第42条より，**使用開始前**に保安規程を経済産業大臣又は所轄産業保安監督部長に届け出なければならない。

【問題7】解答 1.
解説▶【電気用品の定義】

電気用品安全法第2条（定義）に，

第2条 この法律において「電気用品」とは，次に掲げる物をいう。

一 **一般用電気工作物等**（略）の部分となり，又はこれに接続して用いられる機械，器具又は材料であって，政令で定めるもの

二 携帯発電機であって，政令で定めるもの

三 蓄電池であって，政令で定めるもの

2 この法律において「特定電気用品」とは，構造又は使用方法その他の使用状況からみて特に危険又は障害の発生するおそれが多い電気用品であって，政令で定めるものをいう。

とあるので，自家用電気工作物は誤りである。

【問題8】解答 2.
解説▶【特定電気用品】

電気用品安全法施行令別表1に，32W2灯用の蛍光灯用安定器，定格電流50Aの漏電遮断器，定格電圧AC100Vの携帯発電機が掲げられておりいずれも**特定電気用品**に指定されているが，定格電流20Aのライティングダクトは別表2に**特定電気用品以外の電気用品**として指定されている。

合格への目安 8問中6問以上正解できること。目標時間25分。

【問題1】 使用電圧200 Vの交流の電路に使用する特定電気用品として,「電気用品安全法」上,**誤っているもの**はどれか。ただし,機械器具に組み込まれる特殊な構造のもの及び防爆型のものは除くものとする。
1. 電気温床線 　　2. フロートスイッチ
3. 温度ヒューズ 　　4. マルチハロゲン灯用安定器(定格消費電力500 W)

【問題2】 使用電圧200 Vの交流の電路に使用する電気用品のうち,「電気用品安全法」上,特定電気用品に**該当しないもの**はどれか。
1. 二種金属線ぴ(A型) 　　2. ケーブル(CV22 mm² 3心)
3. 電流制限器(定格電流30 A) 　　4. 電気温水器(定格消費電力10 kW)

【問題3】 電気工事士等に関する記述として,「電気工事士法」上,**誤っているもの**はどれか。ただし,保安上支障がないと認められる作業であって省令で定める軽微なものを除く。
1. 第一種電気工事士は,自家用電気工作物に係るネオン工事の作業に従事することができる。
2. 第二種電気工事士は,一般用電気工作物に係る電気工事の作業に従事することができる。
3. 認定電気工事従事者は,自家用電気工作物に係る電気工事のうち簡易電気工事の作業に従事することができる。
4. 第一種電気工事士は,自家用電気工作物の保安に関する所定の講習を受けなければならない。

【問題4】 次の記述のうち,「電気工事士法」上,**誤っているもの**はどれか。
1. 特種電気工事資格者認定証は,経済産業大臣が交付する。
2. 特殊電気工事の種類には,ネオン工事と非常用予備発電装置工事がある。
3. 第一種電気工事士は,自家用電気工作物に係るすべての電気工事の作業に従事することができる。
4. 認定電気工事従事者は,自家用電気工作物に係る電気工事のうち簡易電気工事の作業に従事することができる。

【問題5】 電気工事士等に関する記述として,「電気工事士法」上,**誤っているもの**はどれか。
1. 認定電気工事従事者認定証は,経済産業大臣が交付する。
2. 第二種電気工事士は,一般用電気工作物に係る電気工事に従事することができる。

3．第一種電気工事士は，自家用電気工作物に係る電気工事のうち特殊電気工事を除く作業に従事することができる。

4．認定電気工事従事者は，自家用電気工作物に係る電気工事のうち特殊電気工事の作業に従事することができる。

【問題6】電気工事士等に関する記述として，「電気工事士法」上，**誤っているもの**はどれか。ただし，保安上支障がないと認められる作業であって省令で定める軽微なものを除く。

1．第一種電気工事士は，自家用電気工作物の保安に関する所定の講習を受けなければならない。

2．第二種電気工事士は，最大電力50kW未満であってもその自家用電気工作物に係る電気工事の作業に従事することができない。

3．認定電気工事従事者は，使用電圧600V以下であってもその自家用電気工作物の電線路に係る電気工事の作業に従事することができない。

4．非常用予備発電装置工事の特殊電気工事資格者は，自家用電気工作物の非常用予備発電装置として設置される原動機であってもその附属設備に係る電気工事の作業に従事することができない。

【問題7】電気工事業に関する記述として，「電気工事業の業務の適正化に関する法律」上，**定められていないもの**はどれか。

1．登録電気工事業者の登録の有効期間は，5年である。

2．電気工事業者は，営業所ごとに帳簿を備え，省令で定める事項を記載し，記載の日から5年間保存しなければならない。

3．登録電気工事業者は，営業所の名称を変更したときは，変更の日から30日以内に，その旨をその登録をした経済産業大臣又は都道府県知事に届け出なければならない。

4．登録電気工事業者は，新たに特定営業所を設置したときは，設置した日から30日以内に主任電気工事士の選任をしなければならない。

【問題8】電気工事業に関する記述として，「電気工事業の業務の適正化に関する法律」上，**定められていないもの**はどれか。

1．電気工事業者は，営業所ごとに省令で定める事項を記載した標識を掲げなければならない。

2．電気工事業者とは，登録電気工事業者及び通知電気工事業者をいう。

3．電気工事業者は，一般用電気工作物に係る電気工事の業務を行う営業所ごとに，主任電気工事士を置かなければならない。

4．電気工事業者は，営業所ごとに帳簿を備え，省令で定める事項を記載し，記載の日から3年間保存しなければならない。

【問題 1】 解答 1.

解説▶【特定電気用品】

　　電気用品安全法施行令別表 1 に，フロートスイッチ，温度ヒューズ，マルチハロゲン灯用安定器が掲げられており，いずれも**特定電気用品**に指定されているが，別表 2 に電気温床線が掲げられており，**特定電気用品以外の電気用品**として指定されている。

【問題 2】 解答 1.

解説▶【特定電気用品】

　　電気用品安全法施行令別表 1 に，ケーブル（CV22 mm^2 3 心），電流制限器（定格電流 30 A），電気温水器（定格消費電力 10 kW）が掲げられており，いずれも**特定電気用品**に指定されているが，別表 2 に二種金属線ぴ（A 型）が掲げられており，**特定電気用品以外の電気用品**として指定されている。

【問題 3】 解答 1.

解説▶【特殊電気工事】

　　電気工事士法第 3 条（電気工事士等）第 3 項に，

　3　自家用電気工作物に係る電気工事のうち経済産業省令で定める特殊なもの（以下「**特殊電気工事**」という。）については，当該特殊電気工事に係る特種電気工事資格者認定証の交付を受けている者（以下「特種電気工事資格者」という。）でなければ，その作業（略）に**従事してはならない。**

とあり，同法施行規則第 2 条の 2（特殊電気工事）第 1 項第一号に，

　第 2 条の 2　法第 3 条第 3 項の自家用電気工作物に係る電気工事のうち経済産業省令で定める**特殊なもの**は，次のとおりとする。

　　一　ネオン用として設置される分電盤，主開閉器（電源側の電線との接続部分を除く。），タイムスイッチ，点滅器，ネオン変圧器，ネオン管及びこれらの附属設備に係る電気工事（以下「**ネオン工事**」という。）

とあるので，**第一種電気工事士はネオン工事を行うことはできない。**

【問題 4】 解答 3.

解説▶【第一種電気工事士の工事範囲】

　　電気工事士法第 3 条（電気工事士等）第 3 項より，**第一種電気工事士は，特殊電気工事以外の電気工事を行うことができる。**

【問題 5】 解答 4.

解説▶【認定電気工事従事者の工事範囲】

　　電気工事士法第 3 条（電気工事士等）第 4 項に，

　4　自家用電気工作物に係る電気工事のうち経済産業省令で定める簡易なも

　の（以下「簡易電気工事」という。）については，第1項の規定にかかわらず，認定電気工事従事者認定証の交付を受けている者（以下「認定電気工事従事者」という。）は，その作業に従事することができる。

とあり，

　同法施行規則第2条の3（簡易電気工事）に，

第2条の3　法第3条第4項の自家用電気工作物に係る電気工事のうち経済産業省令で定める簡易なものは，電圧600V以下で使用する自家用電気工作物に係る電気工事（電線路に係るものを除く。）とする。

とあり，同法施行規則第2条の2（特殊電気工事）第1項とあわせて，**認定電気工事従事者は，自家用電気工作物に係る電気工事のうち特殊電気工事の作業に従事することができない。**

【問題6】解答 4.

解説▶【特殊電気工事資格者の工事範囲】

　電気工事士法施行規則第2条の2（特殊電気工事）第1項により特殊電気工事資格者は，ネオン工事において電源側の電線との接続部分又は非常用発電設備において他の需要設備との間の電線との接続部分の工事は行うことはできないが，その**附属設備に係る電気工事**の作業に従事することはできる。

【問題7】解答 4.

解説▶【主任電気工事士の設置】

　電気工事業の業務の適正化に関する法律第19条第3項（主任電気工事士の設置）に，

3　登録電気工事業者は，次の各号に掲げる場合においては，当該特定営業所につき，当該各号の場合に該当することを知った日から**2週間**以内に，第1項の規定による主任電気工事士の選任をしなければならない。　（略）

　四　新たに特定営業所を設置したとき。

とあるので，30日は誤りである。

【問題8】解答 4.

解説▶【帳簿の備付け等】

　電気工事業の業務の適正化に関する法律第26条（帳簿の備付け等）に帳簿に関する規定があり，同法施行規則第13条（帳簿）に，

第13条　法第26条の規定により，電気工事業者は，その営業所ごとに帳簿を備え，電気工事ごとに次に掲げる事項を記載しなければならない。　（略）

2　前項の帳簿は，記載の日から**5年間**保存しなければならない。

とあるので，3年間は誤りである。

第46回テスト

【問題1】 次の記述のうち，「建築基準法」上，**誤っているもの**はどれか。
1. 特定行政庁とは，建築主事をいう。
2. 設計者とは，その者の責任において，設計図書を作成した者をいう。
3. ガラスは，不燃材料である。
4. 建築物の主要構造部の1種以上について行う過半の模様替は，大規模の模様替である。

【問題2】 次の記述のうち，「建築基準法」上，**誤っているもの**はどれか。
1. 執務や作業の目的のために継続的に使用される部屋は，居室である。
2. 防火戸及び防火ダンパーは，建築設備である。
3. 病院や体育館は，特殊建築物である。
4. グラスウール板やガラスは，不燃材料である。

【問題3】 次の記述のうち，「建築基準法」上，**誤っているもの**はどれか。
1. 建築設備の過半を更新する修繕は，大規模の修繕である。
2. 建築基準適合判定資格者検定は，国土交通大臣が行う。
3. 地階とは，床が地盤面下にある階で，床面から地盤面までの高さがその階の天井の高さの三分の一以上のものをいう。
4. 建築主事を置く市町村の区域については，当該市町村の長を特定行政庁という。

【問題4】 次の記述のうち，「建築基準法」上，**誤っているもの**はどれか。
1. 鉄筋コンクリート造である建築物は，すべて耐火建築物である。
2. 主要構造部である屋根の過半の修繕は，大規模の修繕である。
3. 学校は，特殊建築物である。
4. 特殊建築物は，用途，規模などが所定の条件に該当する場合，耐火建築物又は準耐火建築物としなければならない。

【問題5】 次の記述のうち，「建築基準法」上，**誤っているもの**はどれか。
1. 建築物のひさしは，主要構造部である。
2. 建築とは，建築物を新築し，増築し，改築し，又は移転することをいう。
3. 避難階とは，直接地上に通ずる出入口のある階をいう。
4. ロックウールは，不燃材料である。

【問題6】 建築物に関する記述として，「建築基準法」上，**誤っているもの**はどれか。

1. 建築物の構造上重要でない間仕切壁について行う過半の模様替は，大規模の模様替である。
2. 特殊建築物は，用途，規模などが所定の条件に該当する場合，耐火建築物又は準耐火建築物としなければならない。
3. 建築とは，建築物を新築し，増築し，改築し，又は移転することをいう。
4. 居室とは，居住，執務，作業，集会，娯楽，その他これらに類する目的のために継続的に使用する室をいう。

【問題7】「建築基準法」上，建築設備として，**定められていないもの**はどれか。

1. 電気設備
2. 給水設備
3. 防火戸
4. 避雷針

【問題8】 非常用の照明装置を設けなければならない建築物の部分として，「建築基準法」上，**定められているもの**はどれか。

　　ただし，延べ面積は，すべて 1,000 m² を超える建築物とする。

1. 公立図書館の3階の閲覧室
2. 小学校の1階の教室
3. 病院の5階の病室
4. 共同住宅の11階の住戸

【問題9】 非常用の照明装置を設けなければならない建築物の部分として，「建築基準法」上，**誤っているもの**はどれか。

1. 劇場の用途に供する特殊建築物の居室
2. 階数が3以上で延べ面積が 500 m² を超える建築物の居室
3. 無窓の居室
4. 寄宿舎の寝室

【問題1】解答 1.

解説▶【特定行政庁】

建築基準法第2条第三十五号に次のように規定されている。

三十五　特定行政庁：建築主事を置く市町村の区域については当該市町村の長をいい，その他の市町村の区域については都道府県知事をいう。

【問題2】解答 2.

解説▶【建築設備】

建築基準法第2条第二，三，四及び九号に次のように規定されている。

二　特殊建築物：学校（専修学校及び各種学校を含む。以下同様とする），**体育館，病院，**（中略）その他これらに類する用途に供する建築物をいう。

三　建築設備：建築物に設ける電気，ガス，給水，排水，換気，暖房，冷房，消火，排煙若しくは汚物処理の設備又は煙突，昇降機若しくは避雷針をいう。

四　居室：居住，執務，作業，集会，娯楽その他これらに類する目的のために**継続的**に**使用**する室をいう。

九　不燃材料：（中略）国土交通大臣が定めたもの又は国土交通大臣の認定を受けたものをいう。

国土交通大臣が定めたもの又は国土交通大臣の認定を受けたものは，平成12年建設省告示第1400号の各号に示されており，第十一号に**ガラス**，第十七号に**グラスウール板**がそれぞれ規定されている。**防火戸等は防火設備**である。

【問題3】解答 1.

解説▶【大規模の修繕】

建築基準法第2条第十四号に次のように規定されている。**設備は規定なし。**

十四　大規模の修繕：**建築物の主要構造部**の一種以上について行う過半の修繕をいう。

【問題4】解答 1.

解説▶【耐火構造】

建築基準法第2条第七号に次のように規定されている。

七　耐火構造：壁，柱，床その他の建築物の部分の構造のうち，耐火性能（中略）に関して政令で定める技術的基準に適合する鉄筋コンクリート造，れんが造その他の構造で，国土交通大臣が定めた構造方法を用いるもの又は国土交通大臣の認定を受けたものをいう。

以上により，鉄筋コンクリート造であっても規定の耐火構造の構造方法を満たさないものは，耐火建築物ではない。

【問題5】解答 1.

解説▶【主要構造部】

建築基準法第2条第五号に次のように規定されている。

五　主要構造部：壁，柱，床，はり，屋根又は階段をいい，建築物の構造上重要でない間仕切壁，間柱，付け柱，揚げ床，最下階の床，回り舞台の床，小ばり，**ひさし**，局部的な小階段，屋外階段その他これらに類する建築物の部分を**除くもの**とする。

【問題6】解答 1.

解説▶【大規模の模様替】

建築基準法第2条第十五号に次のように規定されている。

十五　大規模の模様替：建築物の**主要構造部**の一種以上について行う過半の模様替をいう。

建築基準法第2条第五号により，**間仕切壁は主要構造部ではない**。

【問題7】解答 3.

解説▶【建築設備】

建築基準法第2条第三号の規定により，**防火戸は建築設備ではない**。

【問題8】解答 1.

解説▶【非常用照明装置】

建築基準法施行令第126条の4に次のように規定されている。

第126条の4：法別表第一（い）欄（一）項から（四）項までに掲げる用途に供する特殊建築物の居室，階数が三以上で延べ面積が $500\ \mathrm{m}^2$ を超える建築物の居室（中略），又は延べ面積が $1000\ \mathrm{m}^2$ を超える建築物の居室及びこれらの居室から地上に通ずる廊下，階段その他の通路（中略）並びにこれらに類する建築物の部分で照明装置の設置を通常要する部分には，非常用の照明装置を設けなければならない。ただし，次の各号のいずれかに該当する建築物又は建築物の部分については，この限りでない。

一　一戸建の住宅又は長屋若しくは共同住宅の住戸
二　病院の病室，下宿の宿泊室又は寄宿舎の寝室その他これらに類する居室
三　学校等
四　避難階又は避難階の直上階若しくは直下階の居室（以下略）

また，建築基準法施行令第115条の3より，**図書館**が該当する。

【問題9】解答 4.

解説▶【非常用照明装置】

建築基準法施行令第126条の4により，寄宿舎の寝室は定められていない。

【問題1】 建築士に関する記述として,「建築士法」上,**誤っているもの**は
どれか。

1. 一級建築士になろうとする者は,一級建築士試験に合格し,国土交通大臣
の免許を受けなければならない。
2. 鉄筋コンクリート造で延べ面積が300 m^{2}を超える建築物を新築する場合,
一級建築士でなければ,その設計又は工事監理をしてはならない。
3. 建築士は,大規模建築物の建築設備に係る設計を行う場合,建築設備資格
者(建築設備士)の意見を聴いたときは,設計図書にその旨を明らかにしな
ければならない。
4. 建築士は,工事監理を行う場合において,工事が設計図書のとおりに実施
されていないと認めるときは,直ちに工事施工者に注意を与え,これに従わ
ないときは,その旨を市町村長に報告しなければならない。

【問題2】 次の記述のうち,「建築士法」上,**誤っているもの**はどれか。

1. 一級建築士,二級建築士又は木造建築士は,設計を行った場合においては,
その設計図書に一級建築士,二級建築士又は木造建築士である旨の表示をし
て記名をしなければならない。
2. 工事監理とは,その者の責任において,工事を設計図書と照合し,それが
設計図書のとおりに実施されているかいないかを確認することをいう。
3. 二級建築士とは,都道府県知事の免許を受け,二級建築士の名称を用いて,
設計,工事監理等の業務を行う者をいう。
4. 建築士は,建築物に関する調査又は鑑定を行うことはできない。

【問題3】「建築士法」に関する記述として,**誤っているもの**はどれか。

1. 木造の建築物で,高さが13 m又は軒の高さが9 mを超えるものを新築す
る場合は,一級建築士でなければ,その設計又は工事監理をしてはならない。
2. 二級建築士になろうとする者は,都道府県知事の行う二級建築士試験に合
格し,その都道府県知事の免許を受けなければならない。
3. 建築物の修繕をする場合においては,その規模に係わらず,建築士でなく
てもその設計又は工事監理ができる。
4. 鉄筋コンクリート造の建築物で,延べ面積が300 m^2,高さが13 m又は
軒の高さが9 mを超えるものを新築する場合は,一級建築士でなければ,
その設計又は工事監理をしてはならない。

【問題4】 防火対象物とそれに設置する消防用設備等に関して,「消防法」
に規定されている組合せとして,**誤っているもの**はどれか。

建築基準法・消防法（その2）

	防火対象物	消防用設備等
1.	延べ面積 4,000 m^2 の中学校	自動火災報知設備
2.	延べ面積 600 m^2 の幼稚園	自動火災報知設備
3.	延べ面積 2,000 m^2 の地下街	無線通信補助設備
4.	地下1階, 地上10階建の事務所ビル	非常コンセント設備

【問題5】 次の記述のうち，「消防法」上，**誤っているもの**はどれか。
1. 消防の用に供する設備は，消火設備，警報設備及び避難設備である。
2. 誘導灯は，避難口誘導灯，通路誘導灯及び客席誘導灯に区分される。
3. 非常警報設備の設置工事を行う場合は，消防設備士の資格が必要である。
4. 自動火災報知設備の警戒区域とは，火災の発生した区域を他の区域と区別して識別することができる最小単位の区域をいう。

【問題6】 消防用設備等に関する記述として，「消防法」上，**誤っているもの**はどれか。
1. 避難口誘導灯は，防火対象物の通路に避難上有効に設けなければならない。
2. 排煙設備には，手動起動装置又は火災の発生を感知した場合に作動する自動起動装置を設けなければならない。
3. 自動火災報知設備には，非常電源を附置しなければならない。
4. 非常コンセントの保護箱の上部には，赤色の灯火を設けなければならない。

【問題7】 避難口誘導灯の設置を要する建物又はその部分として，「消防法」上，**定められていないもの**はどれか。
1. 劇場
2. 倉庫の無窓階の部分
3. 共同住宅の10階の部分
4. 展示場

【問題8】 特定防火対象物に該当するものとして，「消防法」上，**定められているもの**はどれか。
1. 病院
2. 博物館
3. 小学校
4. 工場

【問題1】解答 4.

解説▶【建築士の工事監理】

建築士法第18条第3項に次のように規定されている。

建築士は，工事監理を行う場合において，工事が設計図書のとおりに実施されていないと認めるときは，直ちに，工事施工者に対して，その旨を指摘し，当該工事を設計図書のとおりに実施するよう求め，当該工事施工者がこれに従わないときは，その旨を**建築主**に報告しなければならない。

【問題2】解答 4.

解説▶【建築士の業務】

建築士法第21条に次のように規定されている。

建築士は，設計（中略）及び工事監理を行うほか，建築工事契約に関する事務，建築工事の指導監督，**建築物に関する調査又は鑑定**及び建築物の建築に関する法令又は条例の規定に基づく手続の代理その他の業務（木造建築士にあっては，木造の建築物に関する業務に限る。）を行うことができる。ただし，他の法律においてその業務を行うことが制限されている事項については，この限りでない。

【問題3】解答 3.

解説▶【建築士でなければできない設計又は工事監理】

建築士法第3条に次のように規定されている。

第3条 左の各号に掲げる建築物（中略）を新築する場合においては，一級建築士でなければ，その設計又は工事監理をしてはならない。

　一　学校，病院，劇場，映画館，観覧場，公会堂，集会場（オーデイトリアムを有しないものを除く。）又は百貨店の用途に供する建築物で，延べ面積が500 m² をこえるもの

　二　木造の建築物又は建築物の部分で，高さが13 m 又は軒の高さが9 m を超えるもの

　三　鉄筋コンクリート造，鉄骨造，石造，れん瓦造，コンクリートブロック造若しくは無筋コンクリート造の建築物又は建築物の部分で，延べ面積が300 m²，高さが13 m 又は軒の高さが9 m をこえるもの

　四　延べ面積が1000 m² をこえ，且つ，階数が二以上の建築物

　2　建築物を増築し，改築し，又は建築物の大規模の修繕若しくは大規模の模様替をする場合においては，当該増築，改築，修繕又は模様替に係る部分を**新築するものとみなして前項の規定を適用する。**

【問題4】解答 4.
解説▶【防火対象物と消防用設備等】

- 消防法施行令第21条第1項第四号の規定により，中学校の自動火災報知設備の設置は，延べ面積が500 m² 以上のものに必要となる。
- 消防法施行令第21条第1項第三号イの規定により，幼稚園の自動火災報知設備の設置は，延べ面積が300 m² 以上のものに必要となる。
- 消防法施行令第29条の3第1項の規定により，地下街の無線通信補助設備の設置は，延べ面積 1,000 m² 以上のものに必要となる。
- 消防法施行令第29条の2第1項の規定により，事務所ビルの非常コンセント設備の設置は，**地階を除く階数が 11 以上**のものに必要となる。

【問題5】解答 3.
解説▶【消防設備士】

消防法施行令第36条の2第1項に消防設備士でなければ工事を行うことができない設備が規定されている。主なものを示すと次のようになる。

- 自動火災報知設備
- ガス漏れ火災警報設備
- 消防機関へ通報する火災報知設備

これより，非常警報設備の設置工事には，消防設備士の資格は必要ない。

【問題6】解答 1.
解説▶【避難口誘導灯】

消防法施行令第26条第2項第一号に，次のように規定されている。

避難口誘導灯は，避難口である旨を表示した緑色の灯火とし，防火対象物又はその部分の**避難口**に，避難上有効なものとなるように設けること。

【問題7】解答 3.
解説▶【避難口誘導灯の設置】

消防法施行令第26条第1項第一号の規定により，共同住宅の **11 階以上**に設置しなければならない。

【問題8】解答 1.
解説▶【特定防火対象物】

消防法第17条の2の5第2項第四号及び消防法施行令第34条の4第2項の規定により，**病院**は特定防火対象物として定められている。

【問題1】 安全衛生管理体制に関する次の文章中,「労働安全衛生法」に規定されている ☐ に当てはまる語句の組合せとして,**正しいもの**はどれか。

「特定元方事業者は,その労働者及び関係請負人の労働者が同一のビル建設工事において作業を行うときは,これらの労働者の数が常時 イ 以上であれば ロ を選任しなければならない。」

	イ	ロ
1.	30人	統括安全衛生責任者
2.	30人	総括安全衛生管理者
3.	50人	統括安全衛生責任者
4.	50人	総括安全衛生管理者

【問題2】 ビル建設工事において,特定元方事業者の講ずべき措置に関する記述として,「労働安全衛生法」上,**誤っているもの**はどれか。

1. 特定元方事業者及びすべての関係請負人が参加する協議組織を設置し,当該協議組織の会議を定期的に開催する。
2. 随時,特定元方事業者と関係請負人との間及び関係請負人相互間における,作業間の連絡及び調整を行う。
3. 作業場所を毎週1回巡視する。
4. 当該仕事の工程に関する計画及び当該作業場所における主要な機械,設備等の配置に関する計画を作成する。

【問題3】 建設業の総括安全衛生管理者に関する記述として,「労働安全衛生法」上,**誤っているもの**はどれか。

1. 事業者は,常時100人以上の労働者を使用する事業場ごとに,当該管理者を選任しなければならない。
2. 当該管理者の選任は,選任すべき事由が発生した日から14日以内に行わなければならない。
3. 事業者は,当該管理者を選任したときは,遅滞なく報告書を所轄都道府県労働局長に提出しなければならない。
4. 事業者は,選任した当該管理者に安全管理者,衛生管理者の指揮をさせなければならない。

【問題4】 建設工事の雇入れ時等の教育に関する事項として,「労働安全衛生法」上,**定められていないもの**はどれか。

1. 労働災害の補償に関すること

2．作業開始時の点検に関すること
3．作業手順に関すること
4．事故時等における応急措置及び退避に関すること

【問題5】建設工事現場における，安全衛生委員会に関する記述として，「労働安全衛生法」上，**誤っているもの**はどれか。
1．安全衛生委員会の付議事項として，安全衛生教育の実施計画の作成に関することがある。
2．安全衛生委員会は，毎月１回以上開催するようにしなければならない。
3．事業者は，委員会における議事で重要なものに係る記録を作成して２年間保存しなければならない。
4．安全衛生委員会の委員の一人は，安全管理者及び衛生管理者のうちから事業者が指名した者でなければならない。

【問題6】事務所ビル建設工事現場における統括安全衛生責任者に関する記述として，「労働安全衛生法」上，**定められていないもの**はどれか。
1．労働者の数が常時50人以上の現場において選任する。
2．特定元方事業者の講ずべき措置の統括管理を行う。
3．当該場所において，その事業の実施を統括管理する者をもって充てる。
4．安全衛生責任者の指揮を行う。

【問題7】酸素欠乏危険場所に労働者を従事させるときの事業者の責務として，「労働安全衛生法」上，**誤っているもの**はどれか。
1．労働者に対して，酸素欠乏症の防止に関して必要な事項等について特別の教育を行わなければならない。
2．作業を行うにあたり，酸素欠乏危険作業主任者を選任しなければならない。
3．作業場所の空気中の酸素濃度を16パーセント以上に保つように換気を行わなければならない。
4．作業環境測定を行ったときは，そのつど，定められた事項を記録して，これを３年間保存しなければならない。

【問題8】対地電圧が150Vを超える移動式の電動機械器具を使用する場合，漏電による感電の防止措置として，「労働安全衛生法」上，**定められていないもの**はどれか。
1．機器の金属製外わくを，定められた方法で接地する。
2．感電の危険を防止するための囲いを設ける。
3．絶縁台の上で使用する。
4．機器が接続される電路に，感電防止用漏電遮断装置を設ける。

【問題1】解答 3.
解説▶【統括安全衛生責任者の選任条件】

労働安全衛生法第15条第1項に次のように規定されている。

第15条　事業者で，一の場所において行う事業の仕事の一部を請負人に請け負わせているもの（省略）のうち，建設業その他政令で定める業種に属する事業（省略）を行う者（省略）は，その労働者及びその請負人（省略）の労働者が当該場所において作業を行うときは，これらの労働者の作業が同一の場所において行われることによって生ずる労働災害を防止するため，**統括安全衛生責任者**を選任し，その者に元方安全衛生管理者の指揮をさせるとともに，第30条第1項各号の事項を統括管理させなければならない。ただし，これらの労働者の数が政令で定める数未満であるときは，この限りでない。

また，労働安全衛生法施行令第7条第2項に，**統括安全衛生責任者**の選任が不要な労働者数を，ずい道等の建設の仕事，橋梁の建設の仕事，圧気工法による作業を行う仕事で常時 **30人未満**，その他の仕事で常時 **50人未満**と規定されている。

【問題2】解答 3.
解説▶【特定元方事業者の講ずべき措置】

労働安全衛生規則第637条に次のように規定されている。

第637条　特定元方事業者は，法第30条第1項第三号の規定による巡視については，**毎作業日に少なくとも1回**，これを行なわなければならない。

【問題3】解答 3.
解説▶【総括安全衛生管理者の選任の報告先】

労働安全衛生規則第2条第2項に次のように規定されている。

2　事業者は，総括安全衛生管理者を選任したときは，遅滞なく，様式第三号による報告書を，当該事業場の所在地を管轄する**労働基準監督署長**（以下「所轄労働基準監督署長」という。）に提出しなければならない。

【問題4】解答 1.
解説▶【労働者の雇入れ時等の教育項目】

労働安全衛生法第59条第1項に雇入れ時等の教育に関する規定が示されており，労働安全衛規則第35条第1項第三，四，及び七号に定められている。

三　作業手順に関すること
四　作業開始時の点検に関すること
七　事故時等における応急措置及び退避に関すること

以上により，**労働災害の補償**に関することは定められていない。

労働安全衛生法・労働基準法（その1）

【問題5】解答 3.

解説▶【安全衛生委員会の議事記録の保存期間】

　　労働安全衛生規則第23条及び第4項に次のように規定されている。

第23条　事業者は，安全委員会，衛生委員会又は安全衛生委員会（以下「委員会」という。）を**毎月1回**以上開催するようにしなければならない。

　4　事業者は，委員会の開催の都度，次に掲げる事項を記録し，これを**3年間**保存しなければならない。

　一　委員会の意見及び当該意見を踏まえて講じた措置の内容

　二　前号に掲げるもののほか，**委員会における議事で重要なもの**

【問題6】解答 4.

解説▶【統括安全衛生責任者の指揮内容】

　　問題1の労働安全衛生法第15条第1項にあるとおり，元方安全衛生管理者の指揮についての定めはあるが，**安全衛生責任者の指揮**についての規定はない。

【問題7】解答 3.

解説▶【酸素欠乏危険場所の酸素濃度】

　　酸素欠乏症等防止規則第5条第1項に次のように規定されている。

第5条　事業者は，酸素欠乏危険作業に労働者を従事させる場合は，当該作業を行う場所の空気中の酸素の濃度を**18％以上**（省略）に保つように換気しなければならない。ただし，爆発，酸化等を防止するため換気することができない場合又は作業の性質上，換気することが著しく困難な場合は，この限りでない。

【問題8】解答 2.

解説▶【感電の防止措置規定】

　　漏電による感電の防止規定は労働安全衛生規則第333条，第334条により，

• **感電防止用漏電遮断装置を接続**する

• 電動機械器具の**金属製外わく**，金属製外被等を定められた方法で接地する

• 非接地方式の電路に接続する　• **絶縁台の上で使用する**　• 二重絶縁構造とする

等が定められているが，同規則第329条に次のように規定されている。

第329条　事業者は，電気機械器具の充電部分（省略）で，労働者が作業中又は通行の際に，**接触**（省略）し，又は接近することにより感電の危険を生ずるおそれのあるものについては，感電を防止するための囲い又は絶縁覆いを設けなければならない。（以下省略）

　　この規定により，感電の危険を防止するための囲いを設けるのは，**漏電による感電の防止ではない**。

| 合格への目安 | 8問中5問以上正解できること。目標時間25分。 |

【問題1】 事業者が労働者を業務に就かせるとき，安全又は衛生のための特別教育を行わなければならないものとして，「労働安全衛生法」上，**定められていないもの**はどれか。
 1．アーク溶接機を用いて行う金属の溶接
 2．高圧の充電電路の支持物の敷設
 3．建設用リフトの運転
 4．電線管の敷設

【問題2】「労働安全衛生規則」に関する記述として，**誤っているもの**はどれか。
 1．移動はしごには，すべり止装置を取付けて使用させた。
 2．高さ2.5mの枠組足場は，作業床の幅を40cmとし，床材間のすき間を5cmとした。
 3．高さが2.0mでの作業のため要求性能墜落制止用器具を使用させた。
 4．事業者の許可をうけて足場用墜落防止設備を取りはずし，その必要がなくなった後，直ちにこれを原状に復した。

【問題3】 使用者が労働契約の締結に際し，書面の交付により明示すべき労働条件に関する事項として，「労働基準法」上，**定められていないもの**はどれか。
 1．始業及び終業の時刻に関する事項
 2．労働契約の期間に関する事項
 3．福利厚生施設の利用に関する事項
 4．退職に関する事項

【問題4】 次の記述のうち，「労働基準法」上，**誤っているもの**はどれか。
 1．使用者は，労働契約の締結に際し，労働者に対して賃金，労働時間その他の労働条件を明示しなければならない。
 2．使用者は，未成年者に直接賃金を支払ってはならない。
 3．使用者は，原則として，休憩時間を自由に利用させなければならない。
 4．使用者は，満18歳に満たない者について，その年齢を証明する戸籍証明書を事業場に備え付けなければならない。

【問題5】 使用者が1箇月を超える変形労働時間制を採用する際に労働者の過半数で組織する労働組合，又は労働者の過半数を代表する者との書面による協定で定めなければならない事項として，「労働基準法」上，**定**

められていないものはどれか。
1. 労働者の範囲
2. 年次有給休暇
3. 労働日
4. 労働日ごとの労働時間

【問題6】 次の文章中，□□□に当てはまる語句の組合せとして，「労働基準法」に，**定められているもの**はどれか。

「使用者は，労働者の□イ□，信条又は社会的身分を理由として，□ロ□，労働時間その他の労働条件について，差別的取扱をしてはならない。」

	イ	ロ
1.	国籍	賃金
2.	国籍	役職
3.	年齢	賃金
4.	年齢	役職

【問題7】 次に示す建設現場の作業のうち，満18歳に満たない者を就かせることができる業務として，「労働基準法」上，**正しいもの**はどれか。
1. クレーンの運転
2. 二人以上の者によって行う玉掛けの業務における補助作業
3. 動力により駆動される土木建築用機械の運転
4. 300 V を超える交流電圧の充電電路の点検，修理

【問題8】 労働者の災害補償に関する次の文章中，□□□にあてはまる語句の組合せとして，「労働基準法」上，**定められているもの**はどれか。

「療養補償を受ける労働者が，療養開始後□イ□を経過しても負傷又は疾病がなおらない場合，使用者は，平均賃金の□ロ□分の打切補償を行い，その後は労働基準法の規定により補償を行わなくてもよい。」

	イ	ロ
1.	3年	1,000 日
2.	3年	1,200 日
3.	6年	1,000 日
4.	6年	1,200 日

【問題1】解答 4.

解説▶【安全又は衛生のための特別教育】

　　労働安全衛生規則第 36 条第三号に，アーク溶接機を用いて行う金属の溶接，溶断等の業務，第四号に高圧の充電電路の支持物の敷設の業務，第十八号に建設用リフトの運転の業務がそれぞれ規定されているが，**電線管の敷設**については，規定されていない。

【問題2】解答 2.

解説▶【作業床】

　　労働安全衛生規則第 563 条第 1 項第二号及び第 5 項に次のように規定されている。

　　二　つり足場の場合を除き，幅，床材間の隙間及び床材と建地との隙間は，次に定めるところによること。

　　　イ　幅は，40 cm 以上とすること。

　　　ロ　床材間の隙間は，**3 cm 以下**とすること。

　　　ハ　床材と建地との隙間は，12 cm 未満とすること。

　　5　事業者は，第 3 項の規定により作業の必要上臨時に**足場用墜落防止設備**を取り外したときは，その必要がなくなった後，直ちに当該設備を原状に復さなければならない。

【問題3】解答 3.

解説▶【労働条件に関する事項】

　　使用者が労働契約の締結に際し，書面の交付により明示すべき労働条件に関する事項は，労働基準法施行規則第 5 条第 1 項各号に規定されている。問題に関するものを示すと次のようになる。

　　一　労働契約の期間に関する事項

　　二　始業及び終業の時刻，所定労働時間を超える労働の有無，休憩時間，休日，休暇並びに労働者を二組以上に分けて就業させる場合における就業時転換に関する事項

　　四　退職に関する事項（解雇の事由を含む。）

　　福利厚生施設の利用に関する事項は含まれていない。

【問題4】解答 2.

解説▶【未成年者の賃金の支払い】

　　労働基準法第 59 条に次のように規定されている。

　　第59条　未成年者は，独立して**賃金を請求**することができる。親権者又は後見人は，未成年者の賃金を代って受け取ってはならない。

労働安全衛生法・労働基準法（その2）

【問題5】解答 2.

解説▶【書面による協定】

　書面による協定で定めなければならない事項は，労働基準法第32条の4の各号に定められている。

一　この条の規定による労働時間により労働させることができることとされる**労働者の範囲**

二　**対象期間**（以下省略）

三　**特定期間**（以下省略）

四　対象期間における**労働日**及び当該**労働日ごとの労働時間**（対象期間を1箇月以上の期間ごとに区分することとした場合においては，当該区分による各期間のうち当該対象期間の初日の属する期間（以下省略）

　以上により，**年次有給休暇**に関しては定められていない。

【問題6】解答 1.

解説▶【均等待遇】

　労働基準法第3条に次のように定められている。

　第3条　使用者は，労働者の**国籍**，信条又は社会的身分を理由として，**賃金**，労働時間その他の労働条件について，差別的取扱をしてはならない。

【問題7】解答 2.

解説▶【年少者の就業制限の業務の範囲】

　年少者労働基準規則第8条に，クレーンの運転，動力により駆動される土木建築用機械の運転，**300 Vを超える**交流電圧の充電電路の点検，修理は，**満18歳**に満たない者を就かせてはならない業務として規定されている。同条第十号に，「クレーン，デリック又は揚貨装置の玉掛けの業務（**2人以上の者によって行う玉掛けの業務における補助作業の業務を除く。**）」とあるので，2人以上の者によって行う玉掛けの業務における補助作業は制限外である。

【問題8】解答 2.

解説▶【労働者の災害補償】

　労働基準法第81条において，補償を受ける労働者が，**療養開始後3年**を経過しても負傷又は疾病がなおらない場合においては，使用者は，平均賃金の**1,200日分**の打切補償を行い，その後は，この法律の規定による補償を行わなくてもよいとされている。

合格への目安 9問中6問以上正解できること。目標時間25分。

【問題1】 特定建設作業に関する記述として,「騒音規制法」上,**誤っているもの**はどれか。

1. 原動機の定格出力が80 kW の低騒音型建設機械として指定されたバックホウを使用する作業は,特定建設作業である。
2. 建設工事として行なわれる作業のうち,著しく騒音を発生する作業であっても,その作業を開始した日に終わるものは特定建設作業とはならない。
3. 騒音を防止することにより住民の生活環境を保全する必要があると認められる地域は,特定工場等において発生する騒音及び特定建設作業に伴って発生する騒音について規制する地域として指定されている。
4. 災害等非常事態の発生により緊急に行う場合を除き,指定地域内において特定建設作業を伴う建設工事を施工しようとする者は,当該作業開始の日の7日前までに,市町村長に届け出なければならない。

【問題2】 産業廃棄物管理票(マニフェスト)に関する次の文章中,_____ に当てはまる語句として,「廃棄物の処理及び清掃に関する法律」上,**定められているもの**はどれか。ただし,電子情報処理組織の使用はしないものとする。

「産業廃棄物管理票交付者は,当該廃棄物の運搬又は処分が終了したことを,送付された管理票の写しにより確認し,かつ,当該管理票の写しを当該送付を受けた日から_____間保存しなければならない。

1. 1年　　　2. 3年
3. 5年　　　4. 10 年

【問題3】 事業者が産業廃棄物の運搬又は処分を他人に委託する場合,委託契約書に記載する事項として,「廃棄物の処理及び清掃に関する法律」上,**定められていないもの**はどれか。

1. 委託する産業廃棄物の種類及び数量
2. 運搬を委託するときは,運搬の最終目的地の所在地
3. 再生を委託するときは,その再生の方法及び再生に係る施設の処理能力
4. 当該契約書の保存期間

【問題4】 道路の一部を掘削して地中ケーブル用管路を設け,継続して道路を使用しようとする場合,道路の占用許可申請書に記載する事項として,「道路法」上,**定められていないもの**はどれか。

1. 道路の占用の場所
2. 占用する工作物の維持管理方法

3．工作物，物件又は施設の構造
4．道路の復旧方法

【問題5】 道路の占用に関する工事を行う場合の記述として，「道路法」上，**誤っているもの**はどれか。
1．工事現場にはさくを設け，夜間は赤色灯をつけ，危険防止を図った。
2．掘削土砂の埋戻しにあたっては，層ごとに行い，確実に締め固めを行った。
3．工事を開始するにあたり，所轄警察署長に道路の占用の許可を申請した。
4．掘削工事の工法は，推進工法を採用した。

【問題6】 石綿等が使用されている建築物の解体等の作業において，事業者が，労働者の健康障害を防止するために定める作業計画に示さなければならないものとして，「石綿障害予防規則」上，**定められていないもの**はどれか。
1．作業の方法及び順序
2．石綿等の粉じんの発散を防止し，又は抑制する方法
3．作業を行う労働者への石綿等の粉じんのばく露を防止する方法
4．石綿の除去作業を行う作業場内への休憩室の設置方法

【問題7】「大気汚染防止法」に関する次の文章中，□□□に当てはまる数値として，**定められているもの**はどれか。
　「燃料の燃焼能力が重油換算で1時間あたり□□□リットル以上であるディーゼル機関は，ばい煙発生施設に該当する。」
1．10　　2．20
3．50　　4．100

【問題8】 分別解体等及び再資源化等を促進するため，特定建設資材として，「建設工事に係る資材の再資源化等に関する法律」上，**定められていないもの**はどれか。
1．木材
2．石膏ボード
3．コンクリート及び鉄から成る建設資材
4．アスファルト・コンクリート

【問題9】 公害の要因として，「環境基本法」上，**定められていないもの**はどれか。
1．振動　　2．妨害電波
3．土壌の汚染　　4．悪臭

【問題 1】 解答 1.

解説▶【騒音規制法】

　　騒音規制法施行令別表第二第六号により，「バックホウ（一定の限度を超える大きさの騒音を発生しないものとして環境大臣が指定するものを除き，原動機の定格出力が 80 kW 以上のものに限る。）を使用する作業。」と定められているが，告示により**低騒音型の指定**を受けたバックホウは，特定建設作業とはならないと規定されている。

【問題 2】 解答 3.

解説▶【廃棄物の処理及び清掃に関する法律】

　　廃棄物の処理及び清掃に関する法律施行規則第 8 条の 26（管理票交付者が送付を受けた管理票の写しの保存期間）に，「法第 12 条の 3 第 6 項 の環境省令で定める期間は，**5 年**とする。」とある。

【問題 3】 解答 4.

解説▶【廃棄物の処理及び清掃に関する法律】

　　廃棄物の処理及び清掃に関する法律施行令第 6 条の 2 第 1 項第四号イ〜ヘに，委託契約書に記載する事項として次のように示されている。

イ　委託する産業廃棄物の種類及び数量

ロ　産業廃棄物の運搬を委託するときは，運搬の最終目的地の所在地

ハ　産業廃棄物の処分又は再生を委託するときは，その処分又は再生の場所の所在地，その処分又は再生の方法及びその処分又は再生に係る施設の処理能力

ニ　産業廃棄物の処分又は再生を委託する場合において，当該産業廃棄物が(中略) 許可を受けて輸入された廃棄物であるときは，その旨

ホ　産業廃棄物の処分（中略）を委託するときは，当該産業廃棄物に係る最終処分の場所の所在地，最終処分の方法及び最終処分に係る施設の処理能力

ヘ　その他環境省令で定める事項

　　当該契約書の保存期間は含まれていない。

【問題 4】 解答 2.

解説▶【道路法】

　　道路法第 32 条第 2 項第一〜七号に次のように示されている。

一　道路の占用（中略）の目的

二　道路の占用の期間

三　道路の占用の場所

四　工作物，物件又は施設の構造

五　工事実施の方法

六　工事の時期

七　道路の復旧方法

占用許可申請書の記載事項として，**占用する工作物の維持管理方法**は含まれていない。

【問題5】解答 3.
解説▶【道路法】

道路の占用に関する工事を行う場合，道路法第32条第1項に，「道路に次の各号のいずれかに掲げる工作物，物件又は施設を設け，継続して道路を使用しようとする場合においては，**道路管理者の許可**を受けなければならない。」とある。

【問題6】解答 4.
解説▶【石綿障害予防規則】

石綿障害予防規則第4条第2項に，次のように規定されている。

2　前項の作業計画は，次の事項が示されているものでなければならない。
　一　作業の方法及び順序
　二　石綿等の粉じんの発散を防止し，又は抑制する方法
　三　作業を行う労働者への石綿等の粉じんのばく露を防止する方法

【問題7】解答 3.
解説▶【大気汚染防止法】

大気汚染防止法施行令第2条別表第一によれば，燃料の燃焼能力が重油換算で1時間あたり**50 L**以上であるディーゼル機関は，ばい煙発生施設に該当する。

【問題8】解答 2.
解説▶【建設工事に係る資材の再資源化等に関する法律】

建設工事に係る資材の再資源化等に関する法律施行令第1条に，「特定建設資材」として次の第一〜四号が規定されている。
　一　コンクリート
　二　コンクリート及び鉄から成る建設資材
　三　木材
　四　アスファルト・コンクリート

【問題9】解答 2.
解説▶【環境基本法】

環境基本法第2条（定義）第3項に「公害」の定義として，
　大気の汚染，水質の汚濁，土壌の汚染，騒音，振動，地盤の沈下及び悪臭が定められている。

著者略歴

若月　輝彦
（わか　つき　てる　ひこ）

資格

電験第1種合格

環境計量士（騒音・振動）合格

エネルギー管理士（電気分野）合格

建築物環境衛生管理技術者合格

著書

わかりやすい！　電験二種一次試験　合格テキスト（弘文社）

わかりやすい！　電験二種二次試験　合格テキスト（弘文社）

わかりやすい！　電験二種一次試験　重要問題集（弘文社）

わかりやすい！　電験二種二次試験　重要問題集（弘文社）

合格への近道　電験三種（理論）（弘文社）

合格への近道　電験三種（電力）（弘文社）

合格への近道　電験三種（機械）（弘文社）

合格への近道　電験三種（法規）（弘文社）

わかりやすい　第1種電気工事士　筆記試験（弘文社）

わかりやすい　第2種電気工事士　筆記試験（弘文社）

第1種電気工事士　筆記試験50回テスト（弘文社）

第2種電気工事士　筆記試験50回テスト（弘文社）

合格への近道 一級電気工事施工管理学科試験（弘文社）

合格への近道 一級電気工事施工管理実地試験（弘文社）

合格への近道 二級電気工事施工管理学科試験（弘文社）

合格への近道 二級電気工事施工管理実地試験（弘文社）

最速合格！ 1級電気工事施工第一次 50 回テスト（弘文社）

最速合格！ 1級電気工事施工実地 25 回テスト（弘文社）

最速合格！ 2級電気工事施工第一次 50 回テスト（弘文社）

最速合格！ 2級電気工事施工実地 25 回テスト（弘文社）

わかりやすい！ 1級電気工事施工管理 学科 （弘文社）

わかりやすい！ 1級電気工事施工管理 実地 （弘文社）

わかりやすい！ 2級電気工事施工管理 学科・実地 （弘文社）

4週間でマスター1級電気工事施工管理第一次検定（弘文社）

4週間でマスター1級電気工事施工管理第二次検定（弘文社）

4週間でマスター2級電気工事施工管理第一次第二次検定（弘文社）

弊社ホームページでは，書籍に関する様々な情報（法改正や正誤表等）を随時更新しております。ご利用できる方はどうぞご覧下さい。

http://www.kobunsha.org

正誤表がない場合，あるいはお気づきの箇所の掲載がない場合は，下記の要領にてお問合せ下さい。

最速合格！
1級電気工事施工管理 第一次検定 50回テスト

著　　　者	若　月　輝　彦	
印　　　刷	亜細亜印刷株式会社	

発 行 所	株式会社 **弘 文 社**	〒546-0012 大阪市東住吉区 中野2丁目1番27号 ☎　　(06)6797—7441 FAX　(06)6702—4732 振替口座 00940—2—43630
代 表 者	岡　﨑　　靖	東住吉郵便局私書箱1号

ご注意
(1) 本書は内容について万全を期して作成いたしましたが，万一ご不審な点や誤り，記載もれなどお気づきのことがありましたら，当社編集部まで書面にてお問い合わせください。その際は，具体的なお問い合わせ内容と，ご氏名，ご住所，お電話番号を明記の上，FAX，電子メール（henshu2@kobunsha.org）または郵送にてお送りください。
(2) 本書の内容に関して適用した結果の影響については，上項にかかわらず責任を負いかねる場合がありますので予めご了承ください。
(3) 落丁・乱丁本はお取り替えいたします。

国家・資格試験シリーズ

危険物取扱者試験

わかりやすい！
甲種危険物取扱者試験　〈A5判〉

わかりやすい！
乙種1・2・3・5・6類危険物取扱者　〈A5判〉

わかりやすい！
乙種4類危険物取扱者試験〈A5判〉

わかりやすい！
丙種危険物取扱者試験　〈A5判〉

これだけ！甲種危険物試験
合格大作戦！！　〈A5判〉

最速合格！乙4危険物でるぞ~問題集〈A5判〉

最速合格！丙種危険物でるぞ~問題集〈A5判〉

本試験形式！甲種危険物模擬テスト〈A5判〉

本試験形式！乙4危険物模擬テスト〈A5判〉

本試験！1・2・3・5・6類模擬テスト〈A5判〉

本試験形式！丙種危険物模擬テスト〈A5判〉

甲種危険物の為の物理・化学〈A5判〉

本試験によく出る！
甲種危険物画期的な問題集〈A5判〉

本試験によく出る！
乙種1・2・3・5・6類危険物問題集〈A5判〉

みんなの乙種第4類危険物試験〈B5判〉

はじめての乙種第4類危険物〈A5判〉

土木施工管理試験

プロが教える1級土木（第一次）〈A5判〉

プロが教える1級土木（第二次）〈A5判〉

プロが教える2級土木（第一次）〈A5判〉

プロが教える2級土木（第二次）〈A5判〉

電気工事施工管理試験

4週間でマスター
1級電気工事施工管理（第一次）〈A5判〉

4週間でマスター
1級電気工事施工管理（第二次）〈A5判〉

4週間でマスター
2級電気工事施工管理（一次・二次）〈A5判〉

最速合格！
1級電気工事施工第一次50回テスト〈A5判〉

最速合格！
2級電気工事施工第一次50回テスト〈A5判〉

建築施工管理試験

4週間でマスター
1級建築施工管理（第一次）〈A5判〉

4週間でマスター
1級建築施工管理（第二次）〈A5判〉

4週間でマスター
2級建築施工管理（第一次）〈A5判〉

4週間でマスター
2級建築施工管理（第二次）〈A5判〉

造園施工管理試験

例題で学ぶ！1級造園施工管理〈A5判〉

例題で学ぶ！2級造園施工管理〈A5判〉

1級造園施工2次検定対策〈A5判〉

2級造園施工2次検定対策〈A5判〉

建設機械施工管理試験

4週間でマスター
2級建設機械（第一次）1種・2種〈A5判〉